中国古建全集

城市公共建筑

简装版

金盘地产传媒有限公司 策划
广州市唐艺文化传播有限公司 编著

中国林业出版社
China Forestry Publishing House

前言

每一座古建筑都有它独特的形式语言,现代仿建筑、新中式风格流行的市场环境,让这些建语言受到了很多人的追捧,但是如果开发商或者设计师只是模仿古建的表面形式,是很难把它们的精髓完全掌握的,只有真正了解这些建背后的传统文化,才能打造出引人共鸣、触动心灵的建筑。

本书从这一点着手,试图通过全新的图文形式,再次描摹我们老祖宗留下来的这些文化遗产。全书共十本一套,选取了220余个中国古建筑项目,所有实景都是摄影师从全国各地实拍而来,所涉及的区域之广、项目之全让我们从市场上其他同类图书中脱颖而出。我们通过高清大图结合详细的历史文化背景、建筑装饰设计等文字说明的形式,试图梳理出一条关于中国古建筑设计和文化的脉络,不仅让专业读者可以更好地了解其设计精髓,也希望普通读者可以在其中了解更多古建筑的历史和文化,获得更多的阅读乐趣。

全书主要是根据建筑的功能进行分类,一级分类包括了居住建筑、城

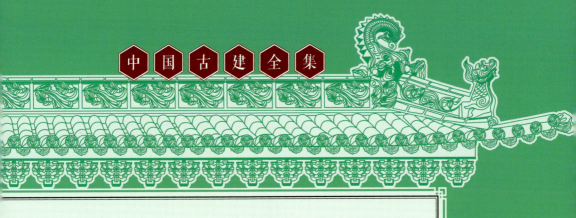

共建筑、皇家建筑、宗教建筑、祠祀建筑和园林建筑；在每一个一级
类下，又将其细分成民居、大院、村、寨、古城镇、街、书院、钟楼、
楼、宫殿、王府、寺、塔、道观、庵、印经院、坛、祠堂、庙、皇家
林、私家园林、风景名胜等二级分类；同时我们还设置了一条辅助暗
线，将所有的项目编排顺序与其所在的不同区域进行呼应归类。

而在具体的编写中，我们则将每一建筑涉及到的历史、科技、艺术、音乐、文学、地理等多方面的特色也重点标示出来，从而为读者带来更加新颖的阅读体验。本书希望以更加简明清晰的形式让读者可以清楚地了解每一类建筑的特色，更好地将其运用到具体的实践中。

古人曾用自己的纸笔有意无意地记录下他们生活的地方，而我们在这里用现代的手段去描绘这些或富丽、或精巧、或清幽、或庄严的建筑，它们在几千年的历史演变中，承载着中国丰富而深刻的传统思想念，是民族特色的最佳代表。我们希望这本书可以成为读者的灵感库、计源，更希望所有翻开这本书的人，都可以感受到这本书背后的诚意，解到那些独属于中国古建和传统文化的故事！

导语

中国古建筑主要是指1911年以前建造的中国古代建筑,也包括晚清建造的具有中国传统风格的建筑。一般来说,中国古建筑包括官式建筑与民间建筑两大类。官式建筑又分为设置斗拱、具有纪念性的大式建筑与不设斗拱、纯实用性的小式建筑两种。官式建筑是中国古代建筑中等级较高的建筑,其中又分为帝王宫殿与官府衙署等起居办公建筑;皇家苑囿等园林建筑;帝王及后妃死后归葬的陵寝建筑;帝王祭祀先祖的太庙、礼祀天地山川的坛庙等礼制建筑;孔庙、国子监及州学、府学、县学等官方主办的教育建筑;佛寺、道观等宗教建筑多类。民间建筑的式样与范围更为广泛,包括各具地方特色的民居建筑;官僚文人士大夫的私家园林;按地方血缘关系划分的宗祠建筑;具有地方联谊及商业性质的会馆建筑;各地书院等私人教育性建筑;位于城镇市井中的钟楼、市楼等公共建筑;以及城隍庙、土地庙等地方性宗教建筑,都属于中国民间古建筑的范畴。

中国古建筑不仅包括中国历代遗留下来的有重要文物与艺术价值的构筑,也包括各地区、各个民族历史上建造的具有各自风格的传统建筑。古代中国建筑的历史遗存,覆盖了数千年的中国历史,如汉代的石阙、石墓室;南北朝的石窟寺、砖构佛塔;唐代的砖塔与木构佛殿等等。唐末以来的地面遗存中,砖构、石构与木构建筑保存的很多。明清代的遗构中,更是完整地保存了大量宫殿、园林、寺庙、陵寝与民居建筑群,从中可以出中国建筑发展演化的历史。同时,中国是一个多民族的国家,藏族的堡寨与喇嘛塔、尔族的土坯建筑，蒙古族的毡帐建筑，西南少数民族的竹楼、木造吊脚楼，都是具有地与民族特色的中国古建筑的一部分。

建筑演变史

中国古建筑的历史，大致经历了发生、发展、高潮与延续四个阶段。一般来说，先秦代是中国古建筑的孕育期。当时有活跃的建筑思想及较宽松的建筑创造环境。尤其是春战国时期，各诸侯国均有自己独特的城市与建筑。秦始皇一统天下后，曾经模仿六国宫于咸阳北阪之上，反映了当时建筑的多样性。秦汉时期是中国古建筑的奠基期。这一时建造了前所未有的宏大都城与宫殿建筑，如秦代的咸阳阿房前殿，"上可以坐万人，下以建五丈旗，周驰为阁道，自殿下直抵南山，表南山之巅以为阙"，无论是尺度还是气，都十分雄伟壮观。汉代的未央、长乐、建章等宫殿，均规模宏大。

魏晋南北朝时期，是中外交流的活跃期，中国古建筑吸收了许多外来的影响，如琉璃瓦的传入、大量佛寺与石窟寺的建造等。隋唐时期，中外交流与融合更达到高潮，使唐代建筑呈现了质朴而雄大的刚健风格。

如果说辽人更多地承续了唐风，宋人容纳了较多江南建筑的风韵，更显风姿卓约。宋代建筑的造型趋向柔弱纤秀，建筑中的线较多，室内外装饰趋向华丽而繁细。宋代的彩画种类，远比明清时代多，而其最高规的彩画——五彩遍装，透出一种"雕焕之下，朱紫冉冉"的华贵气氛。在建筑技术上，代已经进入成熟期，出现了《营造法式》这样的著作。建筑的结构与造型，成熟而典雅。

到了元代，中国古建筑受到新一轮的外来影响，出现如磨石地面、白琉璃瓦屋顶，及毛殿、维吾尔殿等形式。但随之而来的明代，又回到中国古建筑发展的旧有轨道上。明清时代，中国古建筑逐渐走向程式化和规范化，在建筑技术上，对于结构的把握趋于简化，掌握了木材拼接的技术，对砖石结构的运用，也更加普及而纯熟；但在建筑思想上，则趋于停滞，没有太多创新的发展。

中西古建筑差异

在世界建筑文化的宝库中，中国古建筑有十分独特的地位。一方面，中国古建筑文化具……化保……了与西方建筑文化（源于希腊、罗马建筑）……相平衡的发展；另一方面，中国古建筑有其独树一帜的……构与艺术特征。

世界上大多数建筑都强调建筑单体的体量、造型与空间，追求与世长存的纪念性，而中国古建筑追求以单体建筑组合成的复杂院落，以深宅大院、琼楼玉宇的大组群，创造宏大的建筑空间气势。所以，如梁思成先生的巧妙比喻，"西方建筑有如一幅油画，可以站在一定的距离与角度进行欣赏；而中国古建筑则是一幅中国卷轴，需要随时间的推移慢慢展开，才能逐步看清全貌"。

中国古建筑文化中，以现世的人居住的宫殿、住宅为主流，即使是为神佛建造的道观佛寺，也是将其看作神与佛的住宅。因此，中国古建筑不用骇人的空间与体量，也不追求坚固久远。因为，以住宅为建筑的主流，建筑在平面与空间上，大都以住宅为蓝本，如帝王的宫殿、佛寺、道观，甚至会馆、书院之类的建筑，都以与住宅十分接近的四合院落的形式为主。其单体形式、院落组合、结构特征都十分接近，分别只在规模的大小。

中国古代建筑中，除了宫殿、官署、寺庙、住

外，较少像古代或中世纪西方那样的公共建筑，如古希腊、罗马的公共浴场、竞技场、书馆、剧场；或中世纪的市政厅、公共广场，以及为晚近的歌剧院、交易所等。这是因为古代中国文化建立在农业文明基础之上，较少有对公共生活的追求；而古希腊、罗马、中世纪及文艺兴以来的欧洲城市，则是典型的城市文明，倾向于对公共领域建筑空间的创造。这一点正体现了中国古代建筑文化与希腊、罗马及西方中世纪建筑文化的分别。

古建结构特色

古建筑是一门由大量物质堆叠而成的艺术。古建筑造型及空间艺术之基础，在于其内结构。中国古建筑的主流部分是木结构。无论是宫殿、宗庙，或陵寝前的祭祀殿堂，还散落在名山大川的佛寺、道观，或民间的祠堂、宅舍等，甚至一些高层佛塔及体量巨大佛堂，乃至一些桥梁建筑等，都是用纯木结构建造的。

中国传统的木结构，是一种由柱子与梁架结合而成的梁柱结构体系，又分为抬梁式、斗式、干栏式与井干式四种形式，而以抬梁式与穿斗式结构最为多见。

早在秦汉时期的中国，就已经发展了砖石结构的建筑。最初，砖石结构主要用于墓室、墓前的阙门及城门、桥梁等建筑。南北朝以后出现了大量砖石建造的佛塔建筑。这种佛在宋代以后渐渐发展成"砖心木檐"的砖木混合结构的形式。隋代的赵州大石桥，在结与艺术造型上都达到了很高的水平。砖石结构大量应用于城墙、建筑台基等是五代以后的事情。明代时又出现了许多砖石结构的殿堂建筑——无梁殿。

传统中国古建筑中，还有一种独具特色的结构——生土建筑。生土建筑分版筑式与窑洞式两种，分布在甘肃、陕西、山西、河南的大量窑洞式建筑，至今还具有很强的生命力。生土建筑以其节约能源与建筑材料、不构成环境污染等优势，被现代建筑师归入"生态建筑"的范畴。

三段式建筑造型

传统中国古建筑在单体造型上讲究比例匀称，尺度适宜。以现存较完整的明清建筑为例，明清官式建筑在造型上为三段式划分：台基、屋身与屋顶。建筑的下部一般为一个砖石的台基，台基之上立柱子、墙，其上覆盖两坡或四坡的反宇式屋顶。一般情况下，屋顶的投影高度与柱、墙的高度比例约在1：1左右。台基的高度则视建筑的等级而有不同变化。

"方圆相涵"的比例

大式建筑中，在柱、墙与屋顶挑檐之间设斗拱，通过斗拱的过渡，使厚重的屋顶与柱、墙之间，产生一种不即不离的效果，从而使屋顶有一种飘逸感。宋代建筑中，十分注意柱子的高度与柱上斗拱高度之间的比例。宋《营造法式》还明确规定"柱高不逾间之广"，也就是说，柱子的高度与开间的宽度大致接近，因而，使柱子与开间形成一个大略的方形，则檐部就位于这个方形的外接圆上，使得屋檐距台基面的高度与柱子的高度之间，处于一种微妙的"方圆相涵"的比例关系。

中国古建筑既重视大的比例关系，也注意建筑的细部处理。如台明、柱础的细部雕饰，额方下的雀替，额方在角柱上向外的出头——霸王拳，都经过细致的雕刻。额方之上布

致的斗拱。檐部通过飞椽的巧妙翘曲，使屋顶产生如《诗经》"如翚斯飞"的轻盈感，

顶正脊两端的鸱吻，四角的仙人、走兽雕饰，都使得　　　　　　　　　　建筑在匀称

比例中，又透出一种典雅与精致的效果。

台基

　　台基分为两大类：普通台基和须弥座台基。

通台基按部位不同分为正阶踏跺、垂手踏跺和　　　　　　　　　　　　　抄手踏

，由角柱石、柱顶石、垂带石、象眼石、砚窝石等　　　　　　　　　　构件组成。

弥座从佛像底座转化而来，意为用须弥山来做座，象征神圣高贵。须弥座台基立面上的

出特征是有叠涩，从内向外一层皮一层皮的出跳，有束腰，有莲瓣，有仰、覆莲，再下

还有一个底座。在重要的建筑如宫殿、坛庙和陵寝，都采用须弥座台基形式。

屋顶

　　中国古代木构建筑的屋顶类型非常丰富，在形式、等级、造型艺术等方面都有详细的

定和要求。最基本的屋顶形式有四种：庑殿顶、歇山顶、悬山顶和硬山顶。还有多种杂

屋顶，如四方攒尖、圆顶、十字脊、勾连搭、工字顶、盔顶、盝顶等，可根据建筑平面形式

变化而选用，因而形成十分复杂、造型奇特的屋顶组群，如宋代的黄鹤楼和滕王阁，以及明

紫禁城角楼等都是优美屋顶造型的代表作。为了突出重点，表示隆重，或者是为了增加园林

建筑中的变化，还可以将上述许多屋顶形式做成重檐（二层屋檐或三层屋檐紧密

地重叠在一起）。明清故宫的太和殿和乾清宫，便采用了重檐庑殿屋顶以加强帝

王的威严感；而天坛祈年殿则采用三重檐圆形屋顶，创造与天接近的艺术气氛。

古建筑布局

　　中国古代建筑具有很高的艺术成就和独特的审美特征。中国古建筑的艺术精粹，

尤其体现在院落与组群的布局上。有别于西方建筑强调单体的体量与造型，中国古建筑的单体变化较小，体量也较适中，但通过这些似乎相近的单体，中国人创造了丰富多变的庭院空间。在一个大的组群中，往往由许多庭院组成，庭院又分主次：主要的庭院规模较大，居于中心位置，次要的庭院规模较小，围绕主庭院布置。建筑的体量，也因其所在的位置而不同，而古代的材分（宋代模数）制度，恰好起到了在一个建筑组群中，协调各个建筑之间体量关系的有机联系。居于中心的重要建筑，用较高等级的材分，尺度也较大；居于四周的附属建筑，用较低等级的材分，尺度较小。有了主次的区别，也就有了整体的内在和谐，从而造出"庭院深深深几许"的诗画空间和艺术效果。

色彩与装饰

中国古建筑还十分讲究色彩与装饰。北方官式建筑，尤其是宫殿建筑，在汉白玉台基上，用红墙红柱，上覆黄琉璃瓦顶，檐下用冷色调的青绿彩画，正好造成红墙与黄瓦之间的过渡，再衬以湛蓝的天空，使建筑物透出一种君临天下的华贵高洁与雍容大度的艺术氛围。而江南建筑用白粉墙、灰瓦顶、赭色的柱子，衬以小池、假山、漏窗、修竹，如小家碧玉一般，别有一番典雅精致的艺术效果。再如中国古建筑的彩画、木雕、琉璃瓦饰、砖雕等，都是独具特色的建筑细部，这些细部处理手法，又因不同地区而有各种风格变化。

古建筑哲匠

中国古代建筑以木结构为主，着重榫卯联接，因而追求结构的精巧与装饰的华美。所以，有关中国古建筑的记述，十分强调建筑匠师的巧思，所谓"鬼斧神工"、"巧夺天工"，这些词常被用来描述古代建筑令人惊叹的精妙。

中国古建全集

中国古代历史上,有关能工巧匠的记载不绝于史。老百姓最耳熟能详的是鲁班。鲁班乎成了中国古代匠师的代名词。现存古筑中,凡是结构精巧、构造奇妙、装饰精美的例子,人们总传说这是鲁班显灵,巧加点拨的结果。历史上还有不少有关鲁班发明各种木工具、木人木马等奇妙器械的故事。

见于史书记载的著名哲匠还有很多,如南北朝时期北朝的蒋少游,他仅凭记忆就将朝华丽的城市与宫殿形式记忆下来,在北朝模仿建造。隋代的宇文凯一手规划隋代大城(即唐代长安城)与洛阳城,都是当时世界上最宏大的城市。宋代著名匠师喻皓设的汴梁开宝寺塔匠心独运。元代的刘秉忠是元大都的规划者;同时代来自尼泊尔的也叠尔所设计的妙应寺塔,是现存汉地喇嘛塔中最古老的一例。明代最著名的匠师是蒯祥,经参与明代宫殿建筑的营造。另外明代的计成是造园家与造园理论家。他写的《园冶》书,为我们留下了一部珍贵的古代园林理论著作。与蒯祥相似的是清代的雷发达,他在清初建北京紫禁城宫殿时崭露头角,此后成为清代皇家御用建筑师。当然还有中国现代著名建筑家、建筑史学家和建筑教育家梁思成。这些名留青史的建筑哲匠和学者,真正反映了中国古筑辉煌的一页。

建筑与其他

中国古建筑具有悠久的历史传统和光辉的成就。我国古代的建筑艺术也是美术鉴赏的重要对象,中国古代建筑的艺特点是多方面的。比如从文学作品、电影、音乐等中,均可以感受到中国建筑气势和优美。例如初唐诗人王勃的《滕王阁序》,还有唐代杜牧的《阿房宫赋》、张继的《枫桥泊》、刘禹锡的《乌衣巷》,北宋范仲淹的《岳阳楼记》以至近代诗人卞之琳的《断章》等,都人赞叹不绝,让大家从文学中领会中国古建筑的瑰丽。

目录

城市公共建筑之书院

北京国子监辟雍	20
河南登封嵩阳书院	32
湖南长沙岳麓书院	40
江苏无锡东林书院	52
浙江宁波天一阁	66
香港元朗觐廷书室	82

城市公共建筑之鼓楼

陕西西安鼓楼	96
河北正定县开元寺钟楼	106
贵州从江县增冲鼓楼	114

城市公共建筑之街

重庆沙坪坝磁器口古镇	126
安徽黄山屯溪老街	140
湖南长沙太平街	158
江苏南京夫子庙秦淮风光带	174
江苏南京高淳老街	194
江苏绍兴仓桥直街	210
江苏镇江西津渡古街	220
江苏扬州东关街	238
浙江嘉兴桐乡乌镇	258
福建福州三坊七巷	274

城市公

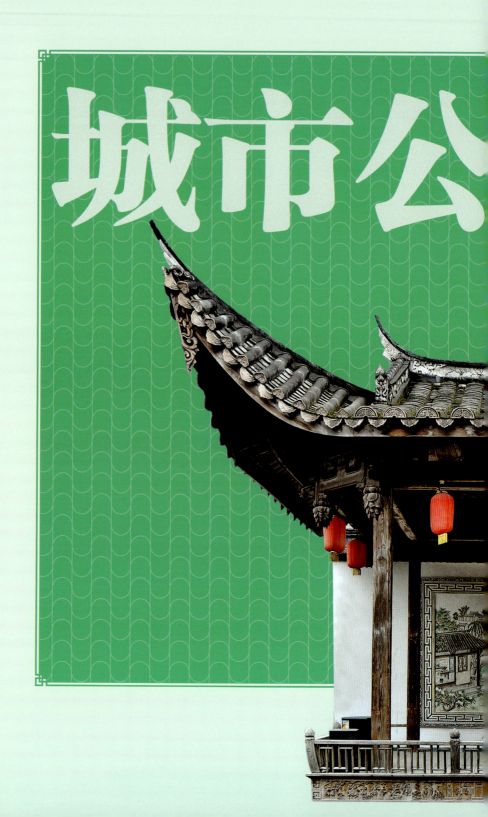

中国古建全集

共建筑

中国古代城市的发展已经有数千年历史。随着国家而出现的城市是中国古代社会政治、经济的统治中心，同时也是人口和财富最集中、文化最发达的地方。中国古代城市包含有几个基本的组成要素：统治机构（包括宫室、官署），祭祀坛庙，居住区以及公共建筑。他们以道路系统为骨架，以宫室、官署为核心，共同构成为完整、有序、严密的城市整体。其中，城市公共建筑主要包括古城的城楼、报时的钟楼和鼓楼、街、书院等。

古城的城楼是中国古代的防御性设施，是为了把守城池、瞭望地形而在城门上设立的驻兵台，城楼一般造型庄重浑厚，宏伟典雅，常设二到三层。由于它建在城门上，成为了每个城镇的制高点。

鼓楼最早为报时建筑，鼓楼的出现早于钟楼。从元代起，鼓楼建在都城北部的皇城之北，明代继承此制，将其建在城市中轴线北端，成为城市的中心建筑，对于点缀街景和塑造城市的立体轮廓起到了重要的作用。建于明洪武年间的西安鼓楼是现存最古老的实例。此外，唐代寺庙内也设鼓楼，元、明时期发展为钟楼、鼓楼相对而建，专供佛事之用，构成了古代中国城市的独特风格。在古代，街道的长度与宽度是表现城间系统和社会等级秩序的重要手段，反映了当时社会对"礼制"的重视。书院建筑表现地域民间特色，多以砖木结构，单层为主，突出个别楼阁。晚期亦有以两层为主者，造型简洁庄重，较少雕饰彩绘，点缀素雅，显示朴实自然之美。

本书主要从书院、鼓楼、街三个类别进行介绍，项目涵盖北方、西南、江南、岭南等区域，并从历史文化背景、建筑布局、设计特色等方面全面地分析中国古代城市公共建筑的发展脉络，展示中国古代城市的独特风格。

书院

书院是由著名学者私人创建或主持的一种教育组织和学术研究机构,在中国历史上存在了近千年。书院的名称始于唐代,最初是官方修书、校书和藏书的场所,如集贤殿书院。后来,唐代有些私人读书讲学之所,也称为书院。书院兴盛于宋初,由于宋初的统治者忙于军事征讨,无暇顾及兴学设教,私人讲学的书院遂得以进一步发展,形成影响极大、特点突出的教育组织。宋初著名的书院很多,比如白鹿洞、岳麓、应天府、嵩阳等书院。这些书院一般是由私人隐居读书发展为置田建屋,聚书收徒,从事讲学活动。设置地点多在山林僻静处,后人认为这是受了佛教禅林精舍的影响。元明时官方加强了对书院的控制,到了清代完全官学化,这是书院发展的总趋势。

中国古代书院是儒学思想的传播基地,因此,传统儒学"礼"、"仁"、"乐"的思想内核决定了书院教学活动的主要内容包括三个方面,即祭祀行礼、躬行践履、游山林。相对应的,中国古代书院的功能形制主要包括以下三方面内容:即祭祀场所——孔庙;治学场所——讲堂、御书楼;游息场所——书院园林。古代书院主体建筑多采用规则形且中轴对称布局,这种布局充满秩序井然的理性美,有助于创造庄严肃穆、端凝重、平和宁静的空间境界。规则形布局可以细分为串联、串并联、串并列三种形式。

存书院建筑,多为清代遗构,除祭祀部分外,书院建
形象大多朴实无华,装饰和色彩清新淡雅。书
建筑的造型手法吸取了民间建筑的经验特点,
求其朴实自然之美,反映"善美同意"的思想,
为书院建筑单体形制的共同特征:①合理适用的空间组合:
院建筑根据不同的空间使用特点,确定空间尺度和组合方式,
当显空间的秩序感和趣味性。②忠实于材料结构的
现:书院外部显露其清水白墙,灰白相间,虚实对比,格
清新明快;内部显露其清水构架,装修简洁,更显素雅大方。远观其势,近取
质。既无官式雕梁画栋之华,也少民间堆塑造作之俗,给人自然淡雅的感受。
简洁实用的装饰装修:书院建筑的装饰装修,不仅追求简洁素雅的艺术表现,
且尽量从实际出发,在满足功能的基础上进行艺术处理,使功能、结构、材
和艺术达到协调统一。如脊端节点的鸱吻、龙吻就是对节点构造艺术加工的
果。

院在其长期的发展过程中,积累了许多宝贵的经验,成为中国古代教育史上
一份珍贵遗产。本章节所展示的书院涵盖北方、江南、岭南三个区域,通过对
国古代书院历史文化背景、建筑布局以及设计特色的介绍,来感受其理性、
实的格调,纯净、统一、明快的形态,营造宁静、高雅的文化氛围,经历一次视
愉悦的审美体验。

北京国子监辟雍

天子之学据中心
临雍讲学自康熙
坐北朝南显方形
琉璃牌坊造灼艺

国子监辟雍

国子监辟雍为北京六大宫殿之一,也是中国现存唯一的古代学堂。辟雍建筑风格独特,规制极高。在建筑艺术上地位超群,整个建筑造型庄重,比例严谨,装饰精致,色彩典丽,是盛清建筑的典型代表。

历史文化背景

国子监位于北京东城区安定门内国子监街,始建于1287年,是我国元、明、清三个朝代国家管理教育的最高行政机关和设立的最高学府。辟雍坐落在国子监太学门内,是国子监的中心建筑,建于清乾隆四十九年(1784年),是我国现存唯一的古代"学堂"。辟雍古制曰"天子之学"。从清康熙帝开始,皇帝一经即位,必须在此讲学一次。

辟雍的兴建与乾隆皇帝有关。在乾隆登基的第二年,他亲临国子监讲学,因为那时太学还没建辟雍,皇帝讲学是在后边的彝伦堂内设座。乾隆不甚满意地说:以天子讲学于彝伦堂,只可以说是视察学校,而不能

"临雍讲学"。他几次提议建辟雍，但都因故没有实现。直到乾隆四十八年，年逾古稀的乾隆终于下了死命令："国学为人文荟萃之地，规制宜隆，辟雍之立，元明以来典尚阙如，亟增建以臻完备"。派当时担任工部尚书的刘墉主办此事，让他"兼理国子监事物"。

刘墉首先以开凿深井，取地下水注入环池，解决了辟雍环水问题，又在环池搭建四座石桥，直通辟雍四门，形成了既实用又具观赏性的环桥造型。仅用一年多时间就创造性地建成了辟雍环水工程。乾隆皇帝非常高兴，夸赞说："辟雍建筑复古而不泥古，循名以务实"。他特意写了一篇文章《国学新建辟雍环水工成碑记》，用满、汉两种文字刻在高大的石碑上，矗立在辟雍前东西碑亭中。又将他对古时候天子在辟雍内进行敬老尊贤活动时所谓"三老五更"的认识，写成《三老五更说》一文，也用两种文字，分别刻在石碑的背面。这样两座御碑，相同的内容，也成了国子监碑亭的特色内涵。另外，还把国子监里报时的钟鼓，移到琉璃牌坊稍前方的左右两侧，造就高台阶的钟鼓亭，构成了以辟雍为主，包括东西碑亭、琉璃牌坊在内的一组皇家级建筑，为国子监整体建筑群增添了几分高贵的气息和美感。

建筑布局

辟雍按照周代的制度建造，坐北向南，平面呈正方形，深广各达17.67米。四面各开辟一门，四周以回廊和水池环绕，池周围有汉白玉雕栏围护，池上架有石桥，通向辟雍的四个门，构成周代"辟雍泮水"之旧制。面阔每面三间带周围廊，另加一周擎檐柱，廊柱间通面阔22.2米。水池周长201米。大殿室内面积约290平方米。

设计特色

国子监辟雍为四角攒尖鎏金宝顶式方形殿宇，通高34米，除石基外，全部为传统的木质结构。大殿为两重屋檐，上覆黄色琉璃瓦，檐角翘起，四条屋脊直达顶部，顶端做成圆型，铜包鎏金。大殿正面屋檐之下，高挂着乾隆皇帝书写的"辟雍"匾额，这块华带匾边框为七彩九龙祥云圆雕，其精美程度在北京的名匾中也是极其罕见的。大辟雍四面开门，圆形水池上东南西北各建一座石桥通达四门，连接内外，构成了辟雍的独特建筑风格。

辟雍四周建有围廊，红色檐柱、廊柱多达数十根，柱间建雀替，大木构架绘以最高等级的"金龙和玺"彩画。门窗装饰三交六碗菱花图案。

国子监辟雍是装饰性和实用性完美结合的建筑：屋角向上，屋腰下沉，体现了曲线美，同时在下大雨的时候，能使屋面雨水流冲较远，不致溅入走廊；铜制鎏金宝顶起到结构与结构的双重作用。建筑整体色彩富丽，气势雄伟的抹角梁架使建筑结构十分合理，内部空间宽敞，符合教学的需要。

【史海拾贝】

"辟雍"一词起源于我国三千年前的周代，据史料记载"天子之学曰辟雍"，辟雍四面环水，是周天子学习、议事的场所。辟雍最早是建在湖心小岛上的大房子，周边是水，水的外边是树林，天子不仅可以在里面学习文化政治知识，还可以在四周捕鱼狩猎，古时所谓"礼、乐、射、御、书、数"六艺都可以在这里学习演练，是一处既安全又安静的好地方。也正是由于这种优美的自然环境，决定了它的名称。据汉代大学者蔡邕解释：辟雍的"辟"字与玉璧的"璧"通用，就是指周边的水环绕一周，湖水清澈透明，形成圆型，就像一块无暇的玉璧；"雍"为水中陆地；而"辟雍"这座大房子就建在上面，是玉璧的中心，所以取名辟雍。

【牌坊】

辟雍殿前置琉璃牌坊,是北京唯一一座专门为教育而设立的牌坊,正反两面横额为乾隆皇帝御题,是中国古代"崇文重教"的象征。牌坊的造型、尺度和辟雍殿都很协调,特别是作为辟雍的前导部分,更加丰富了空间的艺术效果。

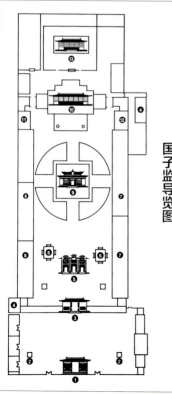

国子监导览图

1. 集贤门 Ji Xian Gate
2. 井亭 Well Pavilion
3. 太学门 Tai Xue Gate
4. 卫生间 Toilet
5. 琉璃牌坊 Glazed Memorial Arch
6. 碑亭 Stele Pavilion
7. 展厅 Exhibition Hall
8. 艺术厅(临时展览) Art Hall (Temporary Exhibition)
9. 辟雍 Bi Yong Hall
10. 彝伦堂 Yi Lun Hall
11. 博士厅 Bo Shi Hall
12. 绳愆厅 Disciplining Hall
13. 敬一亭 Jing Yi Pavilion

书 院

城市公共建筑

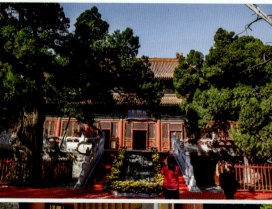

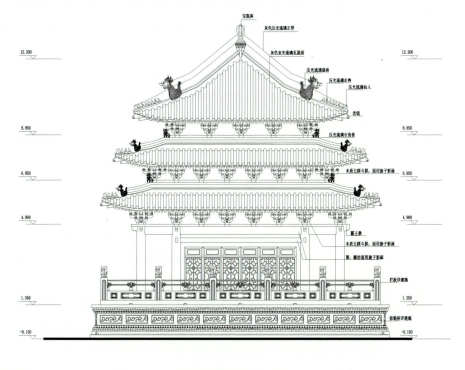

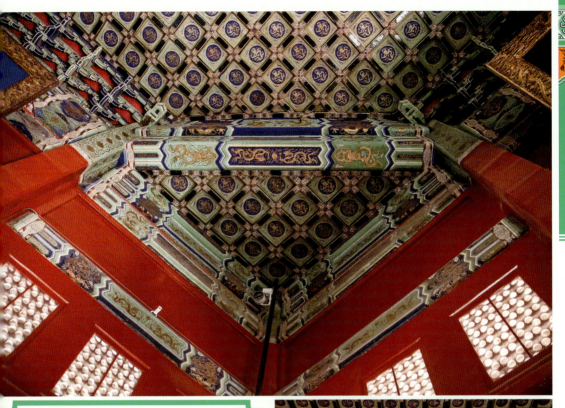

【抹角梁】 抹角梁是在建筑面阔与进深成45度角处放置的梁,看似抹去屋角,所以称作"抹角梁",起加强屋角建筑力度的作用,是古建筑内檐转角处常用的梁架形式。

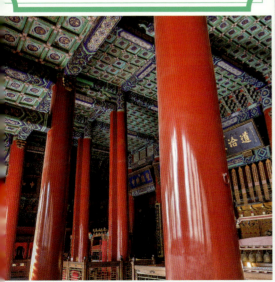

河南登封嵩阳书院

嵩阳书院名天下
司马范程亦大家
周柏唐碑稀世宝
额垣依旧有光华

【嵩阳书院】

嵩阳书院是我国古代著名的四大书院之一，又是洛派理学传播和发展的中心。书院内周柏唐碑互相挺峙映衬，为古老的书院增添了古韵清幽。建筑用灰筒瓦覆盖，呈硬山卷棚式，代表着儒家主张朴素、中庸、平和的思想理念。

历史文化背景

嵩阳书院位于登封市区北，在历史上是佛教、道教场所，但时间最长最有名气是作为儒教圣地。嵩阳书院初建于北魏太八年（484年），名为嵩阳寺，为佛教活动场所，僧徒多达数百人。隋大业年间（605-618年）更名为嵩阳观，为道教活动场所。唐弘道年（683年）高宗李治游嵩山时，辟为行宫，名曰奉天宫。五代周时（951-960年），改太乙书院。宋景祐二年（1035年），名为阳书院，此后一直是历代名人讲授经典的育场所。

宋初，国内太平，文风四起，儒生经代久乱之后，都喜欢在山林中找个安静的方聚众讲学。登封是尧、舜、禹、周公等经居住过的地方。据记载，先后在嵩阳书讲学的有范仲淹、司马光、程颢、程颐、杨朱熹、李纲、范纯仁等二十四人，司马光著《资治通鉴》第9-21卷就是在嵩阳书院和崇福宫完成的。名儒景冬,曾就读于嵩阳书院,进士后,曾九任御史。从此嵩阳书院成为北宋影响最大的书院之一。

嵩阳书院是宋代理学的发源地之一,明末书院毁于兵火,历经元、明、清各代重修增建,盛时期,学田1 166 667多平方米,生徒达数百人,藏书达2 000多册,如《朱子全书》《性精义》《日讲四书》等。清代末年,废除科举制度,设立学堂,经历千余年的书院教育完了科举历程。但是书院作为中国古代教育史上一颗璀璨的明珠,永远载入史册。

1961年国务院将其列为重点文物保护单位。2006年12月5日,嵩山古建筑群,包括嵩阳院作为河南省唯一一处独立项目被国家文物局列入中国世界文化遗产预备名单。2009年,老的嵩阳书院再放华彩,成立郑州大学嵩阳书院,为传承中华民族优秀的国学文化做出新贡献。嵩山历史建筑群是2010年国务院确定的中国唯一世界文化遗产申报项目。2010年8月1日,嵩阳书院作为"登封'天地之中'历史建筑群"的子项目,被联合国教科文组织正式列入世界文化遗产名录。

筑布局

嵩阳书院基本保持了清代建筑布局,南北长128米,东西宽78米,占地面积9 984平方米。轴建筑共分五进院落,共有古建筑106间,由南向北,依次为大门、先圣殿、讲堂、道统和藏书楼,中轴线两侧配房相连。

计特色

嵩阳书院古朴雅致,廊庑俱全,建筑多为硬山滚脊灰筒瓦房,古朴方,雅致不俗,与中原地区众多的红墙绿瓦，雕梁画栋的寺庙建筑截然不同，具有浓厚的地方建筑特色。

院内廊坊墙壁上镶嵌有历代文人墨客题字，其内容书法各具特色。西偏院有清代嵩阳书院教学考场部分建筑。

【史海拾贝】

宋代理学之源在嵩阳书院，嵩阳书院以传播理学著称。宋代洛阳理学名儒程颢、程颐在这里讲学，世称"洛阳理学派"，与濂溪学派的周敦颐，关中学派的张载和闽中学派的朱熹共称为宋代理学"四大学派"和理学"五子"。在这里讲学的还有司马光、范仲淹、杨时、朱熹、李刚、范纯仁等二十四人。

"程朱理学"自宋到清，对朝廷、对社会影响很大，被奉为官方哲学。在嵩阳书院的教育史上，儒学教育占有特殊的历史地位，二程在此主持讲学期间，融合儒、释、道三家思想，开创了理学发展的新阶段。司马光在此讲学期间，曾以儒学的历史观，融合理学的思想在嵩阳书院编写了《资治通鉴》的部分篇章。清初名儒耿介等人在嵩阳书院主讲20余年，名震中州，影响全国。理学的出现也表现为中国哲学发展到一个新的阶段，是理论思维深化的表现，它把佛、道的"修身""养性"引向"齐家""治国""平天下"，并给予伦理纲常的哲学论证，既使之神圣不可侵犯，又使之深入人心遵而行之。

书院

【大门】

　　大门上"嵩阳书院"四字是由登封著名书法家宋书范先生仿照苏东坡字体所写,为嵩阳书院增色不少。门两侧柱子上有副对联,为乾隆皇帝御笔,气势磅礴,充满了浪漫主义的文笔色彩。

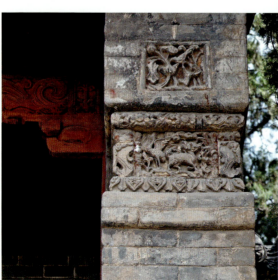

书院

【大唐碑】

大唐碑是国家级文物，也是河南省最大的一通石碑。石碑全称为"大唐嵩阳观纪圣德盛应以颂"，唐天宝三年（744年）立，碑高9.02米，宽2.04米，厚1.05米，碑制宏大，雕刻精美，通篇碑文1 078字，内容主要叙述嵩阳观道士孙太冲为唐玄宗李隆基炼丹九转的故事。李林甫撰文，裴迥篆额，徐浩书的八分隶书。体态端正，刚柔适度，笔法道雅，是唐代隶书的代表作品。大唐碑重80多吨，碑帽就有10多吨重。

整个石碑不仅在书法方面具有极高的价值，而且在造型上具有唐代建筑大气、雄伟、壮观的风格。碑基雕刻有精美的造像，雄厚稳重，衬托出碑身的挺拔流畅。碑帽端庄飘逸，凸显出整体的灵动浑厚。

书院

湖南长沙 岳麓书院

岳麓书院立千年
中轴对称集大成
明清遗构俱抬梁
讲藏祭祀盈功能

岳麓书院是全国修复最好、保存最完整、规模最大的一所古代书院。不仅吸取了民间传统建筑的优点，又借鉴了宗教和官学的建筑格局，不仅反映了士文化的精神寓意，而且形成了朴实典雅的建筑特色，在传统的建筑体系中，表达了一种人文气息。

历史文化背景

岳麓书院位于湖南省长沙市岳麓山东的山脚下，湖南大学校园内，是中国古代大书院之一。北宋开宝九年（976年），州太守朱洞在僧人办学的基础上，正式创岳麓书院。咸平二年（999年）州守李允则建，书院建筑的讲学、藏书、供祀三个组部分的基本规制形成。南宋乾道元年（11 年）安抚使刘珙在旧址上复建，保持了原规制。刘珙请张栻主持教事。南宋绍兴五（1194年），著名理学家朱熹出任潭州知府兴学岳麓，对书院进行了扩建和整治，进步促进了岳麓书院历史的发展。元明一代有兴废，阳明心学和明代实学相继发扬于院。据志载元明对书院的大小修建活动达多次。明廷几次令毁书院，并未受直接影响其中修建规模较大而有所发展的是：正德间守道吴世忠重新规划，"以风水未美，正学基，更书院向，迁大成殿于书院左，形庙制，拆毁道林寺，以其材修建书院。因此形成了现存书院前部的基本布局。

清代两百多年间，修建更密，大小

活动达数十次之多，且多有朴学大师掌院，传书院经世致用之风。其中较为突出或有所创建的：康熙七年(1668年)巡抚周召南倡修，基本承明遗制。康熙二十三年(1684年)巡抚丁思孔再修，次年得康熙御书"学达性天"额及十三经等赐书十六种，便成现存书院中后部规制。乾隆年间对环境风景建设又多有所创。院长罗典辟院旁隙地为园池，栽花木，饰以"八景"。清代最后一次大规模修建是在同治七年(1868年)，巡抚刘崐重振书院，留下书院的最后形制规模，现存书院古建亦多经此次重修或重建。清光绪二十八年(1902年)清政府实行"新政"，改革学制，诏谕各省"于省城市改设大学堂"，因此次年废书院，改为湖南高等学堂。学堂仍以此为校舍，仅将"东西斋舍悉改新式"，而自大门以上，讲堂、文昌阁、藏书楼及周程朱张等祠堂，保留不变。

建筑布局

岳麓书院占地面积21 000平方米，基于园林景观理念，选址于南岳尾峰，依山傍水，前临湘水，后枕岳麓山。整个古建筑群分为教学、藏书、祭祀、园林、纪念五大建筑格局，采用中轴对称、纵深多进的院落形式。主体建筑头门、大门、二门、讲堂、御书楼集中于中轴线上，讲堂布置在中轴线的中央。斋舍、祭祀专祠等排列于两旁。院落中轴对称、层层递进，除了营造一种庄严、神妙、幽远的纵深感和视觉效应之外，还体现了儒家文化中尊卑有序、等级有别、主次鲜明的社会伦理关系。

讲堂是岳麓书院历史最悠久的建筑，位于中轴线正中。讲堂形制五间，单檐歇山，前出轩廊七间。御书楼是整个古建筑群的中轴线尾端的压轴建筑，坐西朝东，为五间三层楼阁，凸形平面，前出门廊，后置山墙。祠堂建筑形式较为简单，布局为三开间，从上到下，自左到右，按被祭人物的时间顺序先后排列，两排成院，院与院之间由回廊连接。

设计特色

　　岳麓书院的建筑多为明清遗构，不仅具备书院的一般特点，而且在相当多的地方反映了湖南传统建筑特色，其建筑形式采用高大坚实的封火山墙，歇山和硬山的屋顶，门廊、窗洞的装饰及点缀与错落有致、优美起伏的天际线形成对比。书院内的建筑多用是抬梁式结构。因为书院是古代的学堂，要求建筑内部的空间比较大，但是也有穿斗式的结构，主要是位于过门处。

　　岳麓书院的园林建筑，具有深刻的湖湘文化内涵，它既不同于官府园林的隆重华丽的表现，也不同于私家园林喧闹花俏的追求，而是反映出一种士文化的精神，具有典雅朴实的风格。

【史海拾贝】

　　御书楼的重建设计由于缺乏确切的史料图样可供复原，故采取以史志所载的有关特点，并结合现存建筑群的整体布局和风格综合规划。在布局上，主楼采用传统重檐楼阁和组成廊院的形制，保持书楼自成一院，利于保存碑刻文物，方便参观。在风格上，装饰、装修、门窗处理、油漆彩绘，力求清雅朴实，以求得书院建筑群的协调统一，并突出了湖南的地方特色。这一做法正体现了《威尼斯宪章》中所强调的"古迹的保护意味着对一定范围环境的保护。凡现存的传统环境必须予以保持"这一原则。

【大门】

　　岳麓书院的大门是清同治七年（1868年）重建，采用南方将军门式结构，建于十二级台阶之上，五间硬山，出三山屏墙，前立方形柱一对，白墙青瓦，置琉璃沟头滴水及空花屋脊，枋梁绘游龙戏太极，间杂卷草云纹，整体风格威仪大方。门额"岳麓书院"为宋真宗字迹。大门两旁悬挂有对联"惟楚有材，于斯为盛"，上联出自《左传·襄公二十六年》，下联出自《论语·泰伯》，源出经典，联意关切，道出了岳麓书院英才辈出的历史事实。

书院

书院

书　院

【御书楼】

岳麓书院的御书楼始建于宋咸平二年（999年），其后屡建屡毁，现存为1986年重建。御书楼楼前所悬"御书楼"匾系集朱熹手迹而成。这是一栋仿宋代风格的三层楼阁建筑，五间凸形平面，前出门廊，后置山墙，重檐歇山顶，卷棚檐口，琉璃瓦当，脊上置坐狮和避雷铁剑，青吻为琉璃飞龙，气宇轩昂。两侧有复廊与讲堂后廊相通，自成院落。院中有清泉二汪，"拟兰亭""汲泉亭"亭亭其上。亭间引泉筑池，架石桥其上，使书楼与讲堂后门相连。

江苏无锡东林书院

东林书院具悠史
左庙右学功能全
东中西轴贯群建
牌匾对联造文韵

东林书院粉墙碧瓦、石坊高耸、松柏苍翠、群芳吐艳、环境幽寂,整个建筑群均显现明清时期布局形制与鼎盛时期风貌,不仅遵循"左庙右学"的形制,满足讲学和祭祀的功能,而且充满了文化神韵。马头牌坊更是书院的标志性建筑和象征。

历史文化背景

东林书院由北宋知名学者杨时创建于和元年(1111年),为宋明时期我国江南区的理学传播中心和著名书院,更因明末林党事件闻名遐迩。

明万历三十二年(1604年),革职里的顾宪成及弟允成与高攀龙等人同倡捐在原址重兴修复,并相继主持其间,聚众学。在讲习之余,间或指陈时弊,裁量人物锐意图新,自称"东林人",引起朝野慕,当时海内学者都以东林为楷模,享"天下言正学者首东林"之美誉。明天五年(1625年),阉党枉法祸兴,诏毁全书院,东林首罹其难,书院被严旨全部拆毁不许留存片瓦寸椽。东林讲学等人亦被为"东林党"而蒙遭迫害。崇祯即位,处阉党,昭雪东林诸人,并下诏复书院。崇祯二年(1629年),锡吴桂森应旨修复丽泽堂,建来斋,居中主持讲学。以后历清代朝,续有修葺,书院复还旧观。

光绪二十八年(1902年),改书

学堂，后为东林小学。民国三十六年（1947年），书院建筑曾进行全面整修。1982年、④年先后多次修缮。2002-2004年，无锡市政府全面修复东林书院。修复后的书院占地面13 000平方米，建筑面积2 800平方米，院内粉墙黛瓦，碧水滢滢，基本恢复明清时期布形制与鼎盛时期风貌。1956年由江苏省人民委员会公布其为省级文物保护单位，2006年月入选第六批全国重点文物保护单位。

筑布局

东林书院坐北朝南，三开间门厅。建筑布局采用"左庙右"形制，左边建有祭祀建筑——道南祠等，右边讲学建筑。另外还有藏书及生活用房等。书布局为东、中、西三条轴线。中轴线上布有书院正门、石牌坊、东林精舍、丽堂、依庸堂、燕居庙、三公祠等讲学建筑。书西轴线上有晚翠山房、来复斋、心鉴斋、寻乐处、辨斋等建筑。东轴线则由祭祀东林书院创始人杨时的道南以及报功祠、时雨斋、草庐、东林庵等建筑组成。轴线以西是寻乐出，以东是道南祠。

计特色

东林书院整个建筑群灰瓦白墙、水清树绿，亭台典雅、古朴幽静，含蓄而有层次感，朴而不奢华，建筑架构上少有斗拱，装饰纯朴淡雅。

【史海拾贝】

　　东林书院大门的匾额,是原中宣部长(无锡人)陆定一所书。大门对联:"此日今还再,当年道果南"是无锡籍学者钱伟长所书。这副对联的上下联均与杨时有关。杨时曾作《此日不再得示同学》长诗,其中有:"此日不再得,颓波注扶桑。跂跂黄小群,毛发忽已苍。愿言媚学子,共借此日光。术业贵及时,勉之在青阳。"杨时以此诗勉励年轻学子,珍惜大好时光。否则,时间如流水,一去不返,不可再得。东林书院在原地修复后,重新开始讲学授课,重现当年杨时讲学时的盛况。有学者喜称:此日今还再。下联指杨时到洛阳求学,学成南归,程颢目送他时说"吾道南归矣"。意思是说,我的学问将要被传到南方了。

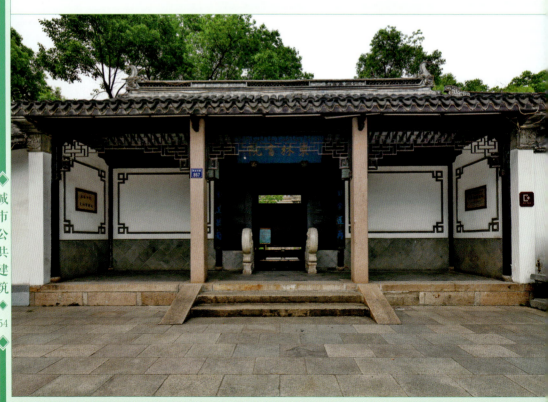

【牌坊】

东林书院的石牌坊是书院的标志性建筑和象征，又称马头牌坊，位于书院中轴线的导入部位，为三间四柱五楼石坊，坊额上题"东林旧迹"和"后学津梁"，坊上雕刻有二龙戏珠、丹凤朝阳、狮子滚绣球、鲤鱼跳龙门等精美图案。

【东林精舍】

东林精舍青瓦粉墙，堂上悬挂"佑文翊运"匾额。此匾原为乾隆年间著名画家无锡人邹一桂所题，邹曾在东林书院主讲10年之久。原匾毁于1958年，现匾为原国家副主席荣毅仁先生所书。

佑：帮助。《尚书·汤诰》："上天孚佑下民"。佑文，意指有助于人文。翊：辅佐，保护。运：国运，世运。此匾含义，指东林讲学对人文发展与国脉振兴均有辅佐作用。东林精舍后门的门楣上有块砖雕匾额"洛闽中枢"。洛指"洛学"。"二程"为河南洛阳人，故称他们的学问为"洛学"。闽指福建朱熹的"闽学"。此匾喻东林书院创始人杨时是"二程"高足，儒学集大成者朱熹是其三传弟子。杨时将"洛学"南传后成为"闽学"鼻祖。这块匾额肯定了杨时对理学传承所起的重要作用。

书院

书　院

【依庸堂】

依庸堂位于丽泽堂后，门前一副对联："主敬存诚坦荡荡天空地阔，穷理尽性活泼泼鱼跃鸢飞"，为当代著名书法家启功手书。上联指有德行的人心胸坦荡，以诚待人。下联指恶人远去百姓安居乐业。屏门两边挂有名联："风声雨声读书声声声入耳，家事国事天下事事事关心"，此联是顾宪成年轻时应对启蒙老师陈云甫的作品。

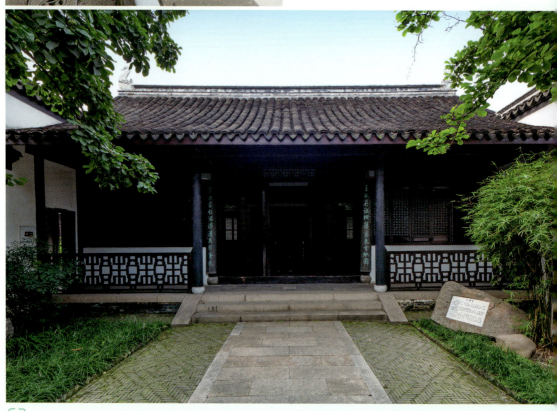

【燕居庙】

燕居庙为祭祀孔子专祠。燕居取自《论语·述而》"子之燕居,申申如也"。即闲居之意。东林书院为"民办学校",有别于府县学宫,祭祀孔子不能用"大成殿",故以"燕居"名祠。"燕居庙"门前挂有一联:"得其门而入,不可阶而升。"为明代著名书画家董其昌手迹。此联意为做学问不能好高骛远,应一步一趋,认真积累。也有"入门容易,深造难"之意。

书院

浙江宁波天一阁

藏书阁楼踞三甲
天一生水意防火
硬山重楼造古朴
江南庭院成珠烁

天一阁建筑规模宏大，设计布局巧精，屋宇雕梁画栋，房舍古朴幽深，回廊曲折错落，亭桥五花八门，碧池清澈见底，假山峥嵘嶙峋。天一阁以藏书文化为特色，融社会历史、艺术于一体，园林精美、建筑古朴，富有浓郁的地方特色。除了藏书丰富，天一阁在防火、通风、防潮方面也独具特色。

历史文化背景

天一阁位于浙江省宁波市月湖之西天一街，是中国现存最早的私家藏书楼，也是亚洲现有最古老的图书馆和世最早的三大家族图书馆之一。始建于明嘉靖四十年（1561年），建成于嘉靖四十五年（1566年），原为明兵部右侍郎范钦的藏书处。范钦平生欢收集古代典籍，后又得到鄞县李氏万楼的残存藏书，存书达到了七万多卷，中以地方志和登科录最为珍稀。清康熙年（1665年），范钦曾孙范光文又在阁叠山理水，建筑园林。园林以"福、禄、寿"作总体造型，用山石堆成九狮一象景点，风物清丽，格调高雅，别具江南院式园林特色。乾隆三十七年（1772年）下诏开始修撰《四库全书》，范钦的八孙范懋柱进献所藏之书638种，于是乾皇帝敕命测绘天一阁的房屋、书橱的款式兴造了著名的"南北七阁"，用来收藏修的七套《四库全书》，天一阁也从此名闻全国。明清以来，文人学者都为能登此楼阅览而自豪。

1982年3月天一阁被国务院公布为全国重点文物保护单位，先后新增中国地方志珍藏馆、麻将起源地陈列馆等处。2000年被列入第五批全国重点文物保护单位行列。2003年被评为国家4A级旅游景点，2007年又被公布为全国重点古籍保护单位。

建筑布局

天一阁规模宏大，现分藏书文化区、园林休闲区、陈列展览区。以宝书楼为中心的藏书文化区有东明草堂、范氏故居、尊经阁、明州碑林、千晋斋和新建书库。以东园为中心的园林休闲区有明池、假山、长廊、碑林、百鹅亭、凝晖堂等。以近代民居建秦氏支祠为中心的陈列展览区，包括芙蓉洲、秦氏支祠和新建的书画馆。天一阁占地面积2.6万方米，纵深布局，注重南向为尊，并左右对称。以中轴线组织建筑群体，规则有序，主次分明，内共有15个大小院落，院落不同组合，满足不同的功能需求，而每个小院落都是中轴对称。院落空布局以宽闲静谧为基调，营造静思冥想的藏书氛围，而不像私家园林以游憩观赏为主。

设计特色

天一阁建筑形象古朴淡雅，以黑白灰等中性色为建筑主调。阁楼为两硬山顶重楼式建筑，阁楼的上部无隔墙，寓意"天一生水"，阁楼的下部分间，面阔、进深各有六间，通高8.5米，暗含"地六成之"之意。前后有长廊相沟通。楼前有"天一池"，引水入池，蓄水以防火。

后期的堆砌假山、环植修竹使书楼和园林浑然一体，形成独具江南特色的林风格。假山所用的石材就地取用宁波近海的礁石，增添了一丝海岛风情。假山造型既饱含传统文化底蕴，又运用美学对比规律。形式散置，不以石的个体美取胜，看似漫不经心的散点布置，却浑然天成，似一道天然屏障，为藏书楼开辟了一块清幽古朴的空间，同时使人引发对山林野趣的遐想，表达出"天人合一"的理想追求。

天一阁在通风、防潮、防火方面也独具特色。藏书阁明为二层，实为三层，其中的暗层为藏书库，光线幽暗，阳光不能直射入室内，这点充分体现了设计者的藏书构想。楼下共分六间，以应"地六分成"之义。此外，西偏间，东偏一进，直迈墙壁，不储藏书籍，以免外面的潮气侵袭，二来透风。后列的中橱之中，又有二小柜，再西一间排列这十二个中橱，橱柜之下各放置有英石一块，以达到吸湿的作用。

【史海拾贝】

天一阁主人范钦，字尧卿，号东明，官至兵部右侍郎。范钦性喜读书，宦游各地时悉心搜集各类典籍，辞官返里后又收得许多藏书，经多年累积，所藏典籍达七万卷。他依据《易经》"天一生水、地六成之"理论，取"以水克火"之意，把藏书楼定名为"天一阁"，阁前凿池，名"天一池"。范钦原藏书籍7万余卷，至新中国成立前只剩1万3千多卷。保存下来的图书，绝大部分是明代的刻本和钞本，其中不少已是海内孤本，尤其是为数不少的明代地方志271种和明代科举录370种，更是研究中国明代历史的珍贵文献资料。同时，由于天一阁所具有的广泛的感召力，从本世纪50年代以来，陆续有一批藏书家将自己的藏书捐献给了天一阁，如张氏樵斋、朱氏别宥斋、孙氏蜗寄庐、杨氏清防阁、冯氏伏跗室等，天一阁已成为宁波藏书文化的象征，成为"四明文献之邦"的缩影。

书　院

【秦氏支祠】

　　秦氏支祠是秦氏族人为祭祖而建，由甬上富商秦君安出资，时耗银元二十余万。祠堂以照壁、台门、戏台为中轴线，五间二弄、前后三寝，两侧置有配殿、看楼，占地二亩六分，建筑面积1 400余平方米。祠堂建筑融合了木雕、砖雕、石雕、贴金、拷作等民间工艺，是宁波民居建筑艺术集大成之作。

　　祠堂的戏台，汇雕刻、金饰、油漆于一体，流光溢彩，熠熠生辉。戏台的屋顶由16个斗拱承托，为单檐歇山顶。穹形藻井由千百块经过雕刻的板桦搭接构成，盘旋而上，牢固巧妙，为宁波工艺一大特色。嵌在墙体上的砖雕人物故事，造型生动逼真，刀法细腻圆润，大面积的清水磨砖墙体，接缝严密，通体平滑，足见工艺之精。瓦顶广施堆塑，有人物、翔仙禽、奔神兽，皆栩栩如生，独具风采。

书院

书院

书院

【尊经阁】

尊经阁原先位于宁波府学内,1935年天一阁重建时迁入天一阁内。建筑形制为重檐歇山顶,原为清光绪年重建,仍保持原来重檐歇山顶建筑结构,气势磅礴肃穆。

书院

香港元朗觐廷书室

觐廷书室祭邓祖
子弟教育扬家威
九室布局显工整
装饰雕刻独韵味

觐廷书室室内装饰精巧、雕刻精湛，而且融合西方设计特色。建筑材料以青砖和花岗石为主，不仅牢固，而且营造了宏伟的视觉印象。书室兼具教育及祭祀双重作用，是香港华丽典雅的古建筑之一。

历史文化背景

觐廷书室位于香港屏山坑尾村，于1870落成，是屏山邓族二十二世祖香泉公为纪念父觐廷公而兴建，同时设立书室以培养族中弟考取科举，进身仕途，提升家族的社会地位因此，觐廷书室兼具教育及祭祖的意义。

邓族在兴建觐廷书室的时代十分富裕，屏山一带建了很多书室。科举制度虽在1904废除，但觐廷书室仍旧是教育族中子弟的地方前厅两旁的厢房，正厅两边的耳室都是用来读的地方。后来因为愈来愈多人读书，所以在旁建了清暑轩。直至第二次世界大战后初期，觐书室仍是坑尾及邻近村落青年读书的场所。

1898年，英国强迫清廷签定《展拓香港址专条》，后于1899年4月接管新界，英国驻于觐廷书室、清暑轩等作为镇压中心，同时亦该处作警署及理民府，后来更成为首间以中文教学的公立学校。

觐廷书室的修葺工程于1991年完成。

建筑布局

觐廷书室坐东向西，属于两进

筑,有左右对称的中轴,其平面为九室式布局,前低后高,第一进是门厅,用来摆杂物,后进为正厅,供奉历代祖先灵位。门厅和正厅中间则庭院,设有厢房三间,另有天井和阁楼。清暑轩由一道形的月门与书室相连。

计特色

觐廷书室以青砖建造,石柱则为花岗岩,正门门框也以花岗条石镶成。整个书室屋顶是硬式设计,有雕刻精细的木架结构,楼下的木楼梯扶手亦细致玲珑,到处可见富有民间意味的饰。室内的祖龛、斗拱、屏板、壁画、屋脊装饰、檐板和灰塑等别具特色,为当时工匠精湛之杰作。饰有荷花、寿桃等吉祥图案,令书室显得美观大方,而供案正面则有"甘罗拜相"的金雕,鼓小孩努力读书。月门上有构图奇特的浮雕和图案。楼上和楼下的房门的拱形门罩更糅合中西筑特色,可见其受到了外国文化的影响。

史海拾贝】

相传于南宋年间,原居于岑田的邓族五元祖中,除邓元亮一房继续留下外,包括邓元祯儿子邓从光在内的其余四房均四处寻找福地迁居,开基立业。邓元祯父子来到屏山,见到处地形如毛蟹状,前置巨塘,左有河道蜿蜒流进后海湾,又有良田万顷,气势磅礴。当晚们寄居农舍,半夜忽闻鹿鸣之声,翌日在后山却不见任何鹿踪,此时他们想到"鹿鸣宴"典故,认为定居此地,必可福泽后人考取功名,日后会出达官贵人。于是就在屏山开基,把后山命名为鹿鸣岗和蟹岗。现时若虚书室的门联"门环碧水观龙跃,地枕屏山听鹿鸣"是描述屏山的地理环境和开基于当地的原因。邓元祯之子邓从光(号万里)逝世后,于元朗坳头山"狐狸过水"穴。

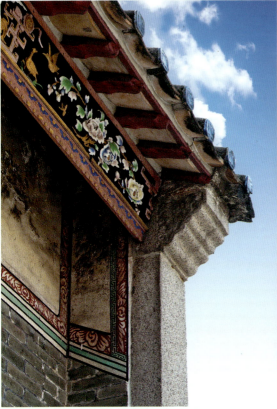

书院

书院

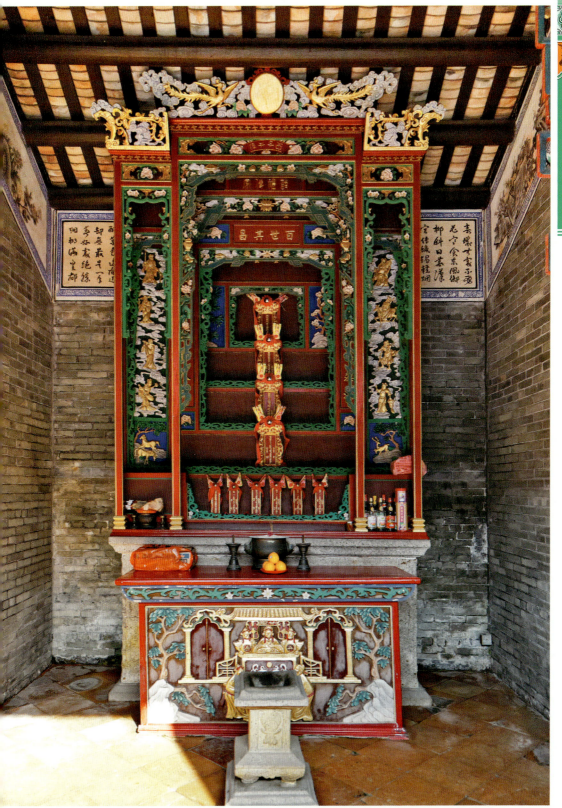

书院

【清暑轩】

清暑轩楼高两层，为后来加建，建筑规格跟书室不同，没有明显的中轴线作分割，呈曲尺形。它既是会客室，也是供宾客、老师居住的地方，有着中西混合的元素，如玻璃洞窗就是其中一个明显例子。轩内另一重要珍物就是清代广东三大状元之一的林召棠赠给邓香泉的对联："守东平王格言，为善最乐；导司马公家训，积德当先"寓意效法东汉刘苍和北宋司马光，积德行善。

书院

鼓楼

鼓楼是古代放置巨鼓的建筑,用以计时报警,或按时敲鼓报告时辰,比如"三更"就是"三更","五鼓"就是"五更"。夜共报五次。在古代那些没有钟表的年代里,这对人们的起居劳作起着相当重要的作用。从元代起,鼓楼建在都北部的皇城之北,明代继承此制,将其建在城市中轴线北端,成为城市的中心建筑,对于点缀街景和塑造城市的立体轮廓起到了重要的作用。

建于明洪武年间的西安鼓楼是现存最古老的的实例,此外,唐代寺庙内也设鼓楼。元、明时期发展为钟楼、鼓楼相对而建,专供佛事之用,构成了古代中国城市的独特风格。

鼓楼的建筑形式一般是歇山式、重檐三滴水。楼建筑在基座的中心,面阔七间,进深三间,四周另有走廊,深度各为一间。按檐柱距离计算,正面则为九间,侧面为七间,即古代建筑中俗称的"七间九"屋顶覆盖以剪边灰瓦,楼基出两端尾外,不加其他装饰,却尽显雄浑和庄严。一般在第一层楼身上置腰檐和平座,第二层楼是重檐歇山项,上覆盖绿琉璃瓦。楼的外檐和平座都装饰有

中国古建全集

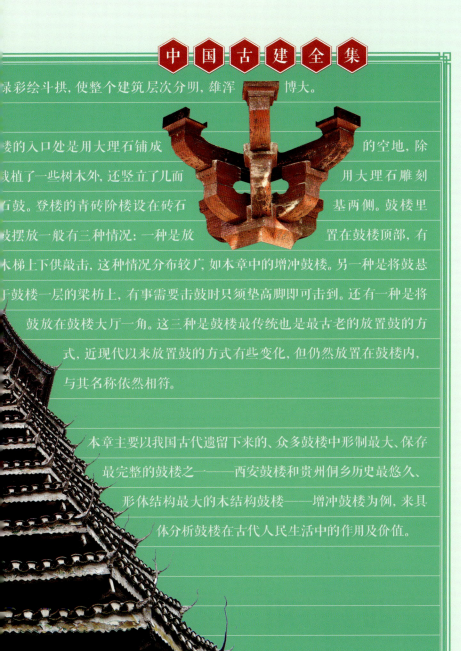

…录彩绘斗拱,使整个建筑层次分明,雄浑博大。

…楼的入口处是用大理石铺成的空地,除…栽植了一些树木外,还竖立了几面用大理石雕刻…石鼓。登楼的青砖阶楼设在砖石基两侧。鼓楼里…鼓摆放一般有三种情况:一种是放置在鼓楼顶部,有…木梯上下供敲击,这种情况分布较广,如本章中的增冲鼓楼。另一种是将鼓悬于鼓楼一层的梁枋上,有事需要击鼓时只须垫高脚即可击到。还有一种是将鼓放在鼓楼大厅一角。这三种是鼓楼最传统也是最古老的放置鼓的方式,近现代以来放置鼓的方式有些变化,但仍然放置在鼓楼内,与其名称依然相符。

本章主要以我国古代遗留下来的、众多鼓楼中形制最大、保存最完整的鼓楼之一——西安鼓楼和贵州侗乡历史最悠久、形体结构最大的木结构鼓楼——增冲鼓楼为例,来具体分析鼓楼在古代人民生活中的作用及价值。

陕西西安鼓楼

鼓楼形制堪第一
暮鼓声声悦人耳
高台基座承两层
歇山重檐造巍峨

西安鼓楼

西安鼓楼是我国古代遗留下来的众多鼓楼中形制最大、保存最完整的鼓楼。顶部鎏金宝顶、金碧辉煌，檐上深绿色琉璃瓦，楼内贴金彩绘、画栋雕梁，和歇山式重檐三滴水的建筑形制一起创造了宏伟壮丽的鼓楼，成为西安的标志性建筑。

历史文化背景

西安鼓楼位于陕西省西安市中心，坐落城内东西南北四条大街的交汇处，西安钟楼西北方向。鼓楼始建于明洪武十三年(1380年清康熙三十八年(1699年)和清乾隆五年(1740先后两次重修。楼上原有巨鼓一面，每日击报时，故称"鼓楼"。

从50年代开始，人民政府曾多次修缮鼓90年代又贴金描彩，进行了大规模的维修；进一步开发和利用文物资源，促进文化旅游业的发展，恢复"晨钟暮鼓"，1996年西安市定重制鼓楼大鼓。重制的大鼓高1.8米，鼓面径2.83米，系用整张优质牛皮蒙制而成。鼓直径3.43米，重1.5吨。上有泡钉1996个，寓1996年制，加上4个铜环共2000年，象征公2000年，催人奋进，跨入21世纪。该鼓声音洪浑厚，重槌之下，十里可闻，是目前中国最大的

1956年8月6日，陕西省人民委员会公鼓楼为省级重点文物保护单位。1996年11月日国务院公布鼓楼为全国重点文物保护单位同时公布保护范围：其重点保护区为鼓楼四周边（包括台阶）；一般保护区为重点保

延34米;建设控制地带为东至北大街,南至西大街,北至市政府门前,西侧自一般保护区外延70米。

建筑布局

西安鼓楼是目前所存的全国最大的鼓楼。鼓楼呈长方形,分上下两层,高台砖基座东西长6米,南北宽38米,高7.7米,南北正中辟有高和宽均为6米的券洞门,供人车出入。楼建筑在座的中心,面阔七间,进深三间,四周另有走廊。

设计特色

西安鼓楼为砖木结构,建筑形式是歇山式重檐三滴水。第一层楼身上置腰檐和平座,第二楼重檐歇山顶,上覆绿琉璃瓦。楼的外檐和平座都装饰有青绿彩绘斗拱,使整个建筑层次分,浑雄博大。登楼的青砖阶楼设在砖台基两侧,在第一层楼的西侧有木楼梯可登临第二层。在的南檐下正中,悬挂有"文武盛地"蓝底金字匾额,是陕西巡抚张楷重修此楼峻工后,摹仿乾皇帝的御笔所作。北檐正中悬挂有"声闻于天"匾额,笔力挺拔,相传系咸宁李允宽所书。两匾仅说明了建筑物的意义,而且犹如画龙点睛,使鼓楼生气盎然,更显得宏伟壮丽。

【史海拾贝】

古时击钟报晨,击鼓报暮,因此有"晨钟暮鼓"之称。同时,夜击鼓以报时,"三鼓",就是"三更","五鼓"就是"五更",一共报5次。明代的西安城周长11.9千米,面积为8.7平方千米,鼓楼地处西安城中部偏西南,使鼓声能传遍全城,就必须建造高楼,设置大鼓。明、清两代,鼓楼周围大多是陕西行省、安府署的各级衙门,这些衙门办公和四周的居民生活都离不开鼓声,鼓声亦成为当时人们熟悉的悦耳之声了。

鼓楼

河北正定县开元寺钟楼

唐代钟楼立正定
单檐歇山显宏伟
正方平面开三间
唐遗铜钟价不菲

正定钟楼

正定钟楼是现存唯一的唐代钟楼实例，具有重大的文物和科学价值。钟楼为唐代典型的大木结构、变化统一的柱网和斗拱都展示了唐代建筑风格。斗拱与柱比例甚大，使唐代建筑的结构之美显现得淋漓尽致。

历史文化背景

正定钟楼坐落在河北正定县开元寺内，始建于东魏兴和二年（540年），此寺原名为观寺。隋开皇十年（590年），改名解慧寺。开元二十六年（738年），玄宗皇帝诏令天下州建立寺院，以年号名之，奉诏改名开元寺。钟楼的始建年代未发现确切记载，但从结构用材及制作手法分析，当为晚唐遗物，在明、清均进行过修缮。

1933年，中国著名建筑学家梁思成教授冒着兵荒马乱的危险，考察了正定的古建筑，称钟楼是他此行的意外收获。"文化大革命开始以后的1966年，受到批判的梁思成先生还十分关心钟楼的保护，他于5月16日上午电正定文保所，让把钟楼的唐代板门拆下保护好。

1952年，中国当代数学泰斗华罗庚教授两名外国数学家专程来正定查看钟楼，从何力学角度也没计算出楼的受力结构和钟挂法之间的关系。华罗庚先生感慨万千，激地说："这个钟再重一点也不行，再轻一点不行，这个楼的木质结构、长短粗细、辐射再差一点也不行。这样建起来，这样挂上去，恰巧钟的重量就一点也没有了，但它结实得好像上一个非常奇妙的钉子。"华罗庚先生那时说，这是一道世界建筑史上、世界数学史上，至今被后人算清揭示出来的数学几何力学题。

1988年钟楼被列为中国重点文物保护单位，1990年进行了落架复原性重修。

建筑布局

正定钟楼坐东朝西，平面呈正方形，高14米，面阔进深各三间，由上下2个单独的结构层组成，总面积170平方米。钟楼正中有圆井，与二楼悬挂的钟口相对。北墙有楼梯直通二楼。二楼四面各有门与四周木栏环台相通。

设计特色

正定钟楼为砖木结构的二层楼阁式建筑，其建筑形式为单檐歇山顶，上布青瓦。其上层经历代重修，为晚清风格。下层斗拱雄大，建筑结构简练，柱、枋、斗拱制作手法基本保持唐代建筑特点。两山和后檐砌筑墙体。

前檐明、次间各开双扇板门，明间板门大于两次间。内外柱同高，柱有侧脚和生起。四角柱素平方形柱础，其余檐柱和内柱都用莲瓣柱础。柱头卷杀，各间柱头用阑额联结，无普柏枋，阑额至角柱不出头。檐柱12根，小八角形。内柱圆形。内外柱用乳栿和栿相联，乳栿制成月梁形，曲线柔和，制作精细，梁的断面比为1∶2。内外柱头均施斗拱，外檐柱头斗拱五铺作双抄单拱计心造，斗拱用材25.5厘米×17厘米，结构简单。第一跳华拱与泥道拱相交，泥道拱上施3层单材柱头枋，第二层柱头枋上隐刻泥道慢拱，第一跳华拱承托乳栿，乳栿头斫成第二跳华拱，华拱上不用令拱直接承托替木和橑檐槫，次间无补间铺作，明间补间斗拱隐刻在第二层柱头枋上为一斗三升。内槽斗拱和外檐基本相同。斗拱上施峻脚椽和遮椽板构成长条形的天花，在天花板与楼板之间形成一个低矮的暗层。上层梁架经后世多次重修已改为明清风格，柱叉在下层柱头斗拱上。檐柱比内柱高，不施斗拱，柱头无卷杀，内柱小八角形，柱上施斗拱。梁架七檩六架椽。上悬挂铜钟高2.9米，口径1.56米，厚15厘米，重约11吨，亦为唐时旧物。其造型古朴，钟声浑厚悠远。这座古钟高悬在钟楼的屋顶，屋顶却是榫卯结构，靠大钟的重量压着屋顶不散架，钟楼的钟与楼一体，重心在钟上，钟落则楼毁。偌大一口铜钟，悬挂在一座不起眼的钟楼上，千年不坠，可谓世界奇观。

【史海拾贝】

对于开元寺钟楼的研究及保护，中国著名建筑历史学家梁思成先生有着突出的贡献。他曾在《正定古建筑调查纪略》里对开元寺钟楼做过比较详细的描述："开元寺的钟楼，才是我们意外的收获。钟《县志》称唐物，但是钟上的字已完全磨去，无以为证。钟楼三间正方形，上层外部为后世重修，但内部及下层的雄大的斗拱，若说它是唐构，我也不能否认。虽然在结构上与我所见过的辽宋形制无甚差别，唯有更简单，尤其是在角拱上，且有修长替木。而补间铺作只是浮雕刻拱，其风格与我已见到诸建筑迥然不同，古简粗壮无过于是。内部四柱上有短而大的月梁，梁上又立柱，柱上再放梁，为悬钟之用。辽宋或更早？"1966年，"破四旧"扫荡全国，处境很不妙的情况下梁思成先生仍关心着正定的古文物，于5月16日上午，急电正定文物保管所："马上把开元寺钟楼的唐代板门拆下来，留在那里怕是保不住了。"就这样，这个珍贵的文物得以保存至今。

鼓楼

鼓楼

【阑额】 阑额即为额枋，宋代称为阑额。是汉族建筑中柱子上端联络与承重的水平构件。南北朝的石窟建筑中可以看到此种结构，多置于柱顶，隋、唐以后移到柱间，到宋代始称为"阑额"。它有时为两根并用，上面的一根叫大额枋（清代的称谓），下面的一根叫小额枋（清代的称谓，宋称为由额），两者之间使用垫板（宋称由额垫板）。在内柱中使用的额枋又被称作"内额"，位于柱脚处的类似木结构叫做"地栿"。

111

鼓楼

贵州从江县增冲鼓楼

侗寨鼓楼夺三最
百年风雨历智慧
奇伟宝塔呈八角
清幽亭子造精粹

增冲鼓楼造型"秉亭子之清幽，兼宝塔之奇伟"，不用一钉一铆，全是杉木榫接，精密吻合，结构严谨，工艺精湛，历经300多年的风雨，至今仍然完好无损。增冲鼓楼是侗族文化的代表，是传播民族文化、体现民族团结和兴旺的象征。

历史文化背景

增冲鼓楼位于贵州从江县城西北82米的增冲乡增冲寨，是贵州省历史最悠久、规模最大、保存最好的侗家鼓楼，被称为"侗族建筑艺术的明珠"，是侗族文化杰出的代表。增冲鼓楼始建于清康熙十年（1672年），距今已有340多年历史，全国现存最老的侗寨鼓楼。鼓楼是侗族区特有的民族民俗建筑物，在侗家人心中是至高无尚的，它与侗族群众的日常活有着十分密切的联系。凡侗族居住地区村村寨寨都建有鼓楼，较大的侗寨，一寨中可以见到数座鼓楼。侗寨鼓楼的多少根据这个寨子的族姓而定，一般是一个族要建一座鼓楼。

鼓楼在侗族人民的生活中起着重要的用，是侗族聚居地的明显特征。它既是侗集会议事的政治中心，又是人们拜祭、休和进行娱乐活动的场所，它还是寨老处理纷、明断是非的公堂。当遇到紧急情况时它又成了击鼓聚众的指挥所。此外，它还寨中的青年男女相互交往、谈情说爱的地方是侗族人民聚居的地方，几乎都有鼓楼，它已经成为侗家村寨的重要标志。

增冲鼓楼虽经多次维修，但主体结构完好，以其优美的造型、严谨的结构，被誉为"民族建筑的奇葩"。鼓楼于1981年被公布为贵州省文物保护单位，1988年被公布为全国重点文物保护单位。1997年国家邮政部发行的《侗族建筑》邮票一套四枚，增冲鼓楼作为侗族人民智慧的结晶，上了国家名片——纪念邮票。

建筑布局

增冲鼓楼占地面积160平方米，高25米，其中木构架高达17.65米。鼓楼共十三层，呈宝塔形，楼内有楼梯，曲折而上，直到最高一层。鼓楼底层分立4根金柱，每根直径0.8米，高15米，8檐柱，檐柱外绕以木栏杆。楼的平面呈八角形，中心设有直径达1.4米的圆形火塘，金柱间放着4条大板凳。楼内各层均无楼板，空至宝顶。

底层的南、北、西三面各辟一门，东面置一石板桌。鼓楼内的大厅是空的，中有火塘，火塘四设有宽大的长凳或靠背长椅。

上面两层为鼓楼的顶部，放有一个长3米，直径50厘米的牛皮大鼓，是寨上召集寨中众议事和报警之用的指挥鼓。

设计特色

增冲鼓楼为杉木结构，双葫芦顶，八角攒尖顶，上两层为八檐八角伞顶，是鼓楼的顶。这两层采用斗拱结构，孔隔交，工艺精美。鼓楼从底层到二层设有定的板梯，但楼板上仍留出搭梯的孔洞。二层以上均设有固定的板梯。为了使烧火的柴烟易于扩散，二、三、四层只在金柱外装有楼板，金柱内就形成了空井，金柱之间及各层的外围都放置有木栏杆。五层的楼顶悬挂一个木鼓，由寨老执掌。

四、五层有很长的出檐，檐口下还装有如意斗拱，既能承重，又是装饰品。各檐柱外置望柱，主承柱与檐柱间施穿枋呈辐条状，穿枋上承瓜柱及檐檩。瓜柱隔四檐与主承柱用穿枋连接，承上层瓜柱，逐层上叠，紧密衔接，直至第十一重檐，第十一重檐之上为两层攒尖顶楼冠，楼冠中置雷公柱。形成内五层、外十三密檐双层楼冠建筑。主承柱与檐柱均有侧角。

一级至十一级密檐为小青瓦顶，白灰瓦头。两层楼冠，上覆灰筒瓦。宝顶为五层褐色陶罐。糯米白灰垂脊。各层檐角下画有龙、凤、鱼、蟹、虾等动物图案。

【史海拾贝】

鼓楼里鼓的摆放有三种情况：

一种是放置在鼓楼顶部，有独木梯上下供敲击，这种情况分布较广，如黎平县至榕江县40千米处高近村的鼓楼之鼓，还有从江县的高僧、增冲鼓楼之鼓也属这种情况。

另一种是将鼓悬吊于鼓楼一层的梁枋上，有事需要击鼓时只需垫高脚即可击到，这种情况以湖南省通道侗族自治县黄土寨以及平坦河流域的鼓楼为代表。

还有一种是将鼓放在鼓楼大厅一角，这种情况以广西壮族自治区三江侗族自治县八协鼓楼和独洞河流域一些村寨的鼓楼为代表。这是鼓楼最传统也是最古老的放置鼓的方式，近现代以来放置鼓的方式有些变化，但仍然放置在鼓楼内，与其名称依然相符。

鼓楼

121

鼓楼

街

追溯历史不难发现,早期的一些城市是由街道发展而来。当社会进入商品流通阶段后,在南来北往的交通要道现时,便由点到线逐渐形成了街道。中国古代城市的道网多为方格形,这种街道便于交通,街坊内便于布置建筑。在这些道路的交叉口或其某一段落逐渐集中着一些店,形成商业较为集中的街,成为城市生活的中心。汉长安城中人口、商铺较为的地方叫做"市",并设官吏管理。唐长安城集中设置的东市、西市规模很大,并开始按行业设置。北宋开封城则将道路和商业结合起来,沿街设店,形成华的街。

千百年来,中国人的社会生活都是发生在街上,在居民观念当中,街道或街坊都与自己的家一样,属于自己的空间。因此,人们常以"街坊邻居"为昵称。"清明上河图"、"东京梦华录"里均有鲜明的描述。头叫卖、京城看灯、耍把戏卖艺、法场劫人、融于大自然、街头茶社、以一块帆布限定的卖艺空间,无不展现出热非凡的街道空间画卷。

中国古街的建筑南北区域又有差别。北方古大街的建高低错落、蜿蜒曲折,一阁一檐皆有讲究。所有名堂,

青红柱、磨砖对缝,配上不同形式的隔门窗、栏杆、屋顶翼角,显得隽古朴、典雅,加上匾额、楹联、灯、旗幡、精美的木雕及丽的油漆绘画,更增添了整条街的典文化气息。南方古大街大多是前店后宅,楼宇式双层木结构,挑檐斗拱,木排门板,镂花窗格,马头火墙,蝴蝶小典型的江南韵味,又揉进了徽派风格,使这些建筑博大精深、隽永持重。其店铺多为三间,纵深数进,两进之间有厢房连接,中间是天井,形成一个院这种结构就是江南古建筑中较为典型的"一颗印"式建筑。

章主要以江南古街为主,通过极富生活气息的江南水乡的街巷空间,真实地央历史街区的生活居住功能和传统建筑风貌。

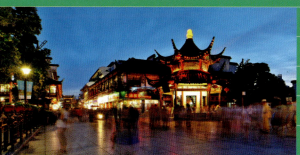

重庆沙坪坝磁器口古镇

塔尖遥望笋班齐
白鹭群飞拂水低
远远青山知隔县
棹歌声里过慈溪

磁器口古镇

磁器口古镇的大小街巷依山就势而建,不仅灵活变化,高低错落,而且与两侧建筑相辅相成,创造了独特的空间感受。
古镇不仅以其典型的巴渝沿江山地建筑风格而广为人知,更因其悠久的历史沉淀和独特的民风、民俗而闻名遐迩。

历史文化背景

磁器口古镇位于重庆市沙坪坝区嘉陵畔,东临嘉陵江,南接沙坪坝,西接童家桥,北靠石井坡,距主城区3千米。磁器口古镇始建于宋代,作为嘉陵江边重要的水陆码头,曾经"白日里千人拱手,入夜后万盏明灯",繁盛一时,被赞誉为"小重庆"。磁器口古镇拥有"一江两溪三山四街"的独特地貌,马鞍山踞其中,左边金碧山,右边凤凰山,三山遥望。凤凰、清水双溪潆洄并出,嘉陵江由北而奔,形成天然良巷。

古镇昔有"三多":庙宇多、名人足迹多、茶馆多。在磁器口,几乎所有人都知道"九宫十八庙"之说,宝轮寺、云顶寺、复元寺、文昌宫等。历史上有不少的名人来过磁器口古镇,相传朱元璋之孙允文皇帝削发为僧重庆,四川总督刘湘到磁器口办厂,国学大师宓在这里任教,更有徐悲鸿、傅抱石、王临乙、张书旂、丰子恺、宗白华等众多的全国知名美术家及美学家在此聚集。

1998年磁器口古镇被国务院确定为重

重点保护传统街,2010年入选中国历史文化名街,是历经千年变迁而保存至今的重庆市重点保护传统街。

建筑布局

磁器口古镇被两条缓河切为金蓉正街、金碧街和金沙街,并呈"川"字形排列。三条街道通过桥梁相连接,一条石板路从江边蜿蜒逶迤,向上坡方向延伸,顺着石板路进入场中心就是千年古寺宝轮寺。随着地形的起伏变化,街区形成若干曲径通幽和富于转折变化的小街巷。街道由石板铺成,街店铺林立。沿街铺面多为一进三间,长进深户型,铺面后房一般为四合院。

设计特色

磁器口古镇街道沿自然地形交错变化,结构层次清晰完善,形成从"主街——次街——主巷——支巷"的空间展开层次。未改造前的磁器口入口为一条弯曲的石板路,横向竖向均依地形变化。由于地形的复杂,加上居民生活的长期影响,直线、曲线和折线型的街巷大量存在,空间富活力和趣味。紧邻两住宅山墙间的小巷基本为直线型,是邻里间的日常通道。高高的山墙,紧密的屋檐将天空遮住,只剩一条缝,因为巷内大多光线较暗。建筑复杂的转折变化反映在巷中,曲折蜿蜒的巷道,既是交通的动脉,又形成不断延伸的景观线。街巷竖向上的起伏减少了对原有环境的破坏,完好地展现了山地的特殊地貌,给予了独特的空间感受。

磁器口古镇的建筑从风格来看,多为木结构,穿斗夹壁或穿半板墙,青石板路与民居和谐相依。雕梁画栋,窗花户棂图案精美,做工精巧,深刻体现了传统民居的韵味。

【史海拾贝】

关于建文帝朱允文进入瓷器口有一个传说：相传经过4年"靖难之役"后，明成祖朱棣进入京师，建文帝朱允文兵败南京，辗转四方。建文帝先到了江浙一带，为了躲避永乐皇帝的追杀，一路颠沛流离，最后从云南入川到了重庆。入渝后，建文帝不敢入城，来到南泉的一山峰掘井结庐隐居。这座山峰就是南泉的建文峰。一日，建文帝到峰顶的水井打水后小憩时，梦中经仙翁指点，西北处一湾江水碧绿，一座形如隐龙的山，山崖上有一方方正正的白岩巨石镇山，是它修身养息之地。梦醒后，建文帝派人打听，在重庆城溯嘉陵江三十余里之处有一个白岩镇，和梦中所见一模一样。这个白岩镇就是后来的磁器口。

于是建文帝只身前往白岩镇，路经李子坝时，曾歇于三圣宫，经过化龙桥时，有道长看到建文帝身后有小金龙时隐时现，认定其为真龙天子现身。于是，后人称这座桥为化龙桥，过桥的路叫龙隐路。到了磁器口，建文帝留在宝轮寺，终日伴以晨钟暮鼓参禅打坐，托钵粗茶淡饭，一呆就是5年。正因为龙隐于寺，后来宝轮寺就易名为龙隐寺，并在宣德七年（1432年）和成化十一年（1475年）进行了两次规模宏大的修缮。这两次修缮，在大雄宝殿隐了一对龙。一条张口龙影射永乐皇帝，一条闭口龙影射建文帝，张口龙耀武扬威，闭口龙则无可奈何。磁器口也被后人称作龙隐镇。

城市公共建筑

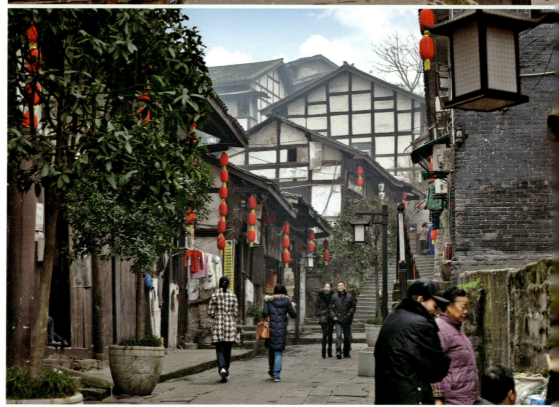

街

【钟家院】

钟家院是清朝宫廷人士钟云亭在约1880年时修建的,是典型的南北风格大融合的建筑:天井宽敞,轴线对称严谨,颇有北方院落韵味和皇家园林风范,但其建筑材料所用小青瓦,建筑结构上的穿斗房又极具南方民居特色。前厅、正厅等建筑主体木结构保留比较完整,经过整饰的构件其真实性未受改变。

城市公共建筑

街

【宝轮寺】

宝轮寺位于磁器口过街楼对面，背依白岩山，面对嘉陵江。宝轮寺后面原有一石岩，名曰"白岩"。宝轮寺分大雄宝殿、川主殿、观音阁、天王殿、药王殿、禅房和藏经楼等。寺院正殿为"大雄宝殿"，为明宣德七年所建，占地约400平米，建造未用一颗钉，工艺十分精湛。

街

安徽黄山屯溪老街

依山傍水造老街
鱼骨街巷莫深测
褐红麻石铺板街
徽派建筑显商德

屯溪老街

屯溪老街呈鱼骨状，具有古朴典雅的明清风貌，其建筑的规划布局和建筑形式具有鲜明的徽派建筑特色，结构错落参差，增加了街道的层次感。屯溪老街是中国保存最完好的一条徽州古街，被中外游人誉为"活动着的清明上河图"。

历史文化背景

屯溪老街，原名屯溪街，是由新安江、横江、率水河三江汇流之地的一个水埠码头发展起来的。明弘治《休宁县志》中就已有"屯溪街"的名目记载。清康熙《休宁县志》记载："……溪街，县东三十里，镇长四里"。可见当时屯溪老街已经有了较大的规模。

老街的西端即老大桥在桥头紧连的一段曲尺形街道，原名"八家栈"，是老街的……祥地，也是屯溪的发祥地。老街的形成和发展与宋徽宗移都临安（即今日的杭州）有着密……可分的联系。外出的徽商返乡后，模仿宋城……建筑风格在家乡大兴土木，所以，老街被称……"宋城"。

南北朝陈文帝天嘉三年（562年）撤犁……县入海宁县（即休宁县），屯溪即为休宁县首镇……

元末明初，一位名叫程维宗的徽商在……

华山脚下新安江畔兴造了8间客栈，47间房，史称"八家栈"。明朝嘉靖二十七年（1548年）时，屯溪已是中国著名茶市之一。著名的老翼农药号于明崇祯十三年（1640年）设号创办。

清朝初期，老街发展到"镇长四里"；清末，屯溪茶商崛起，"屯溪绿茶"外销兴盛，茶号林立，茶工云集，各类商号相继开放，街道从八家栈逐年从东延伸，形成老街。清朝末年，屯溪老街已发展为钱庄、典当、银楼、药材、绸布、京广百货、南北货、盐、糖、日杂、瓷器、黄烟、锡箔、纸张、茶楼、饭店等行业比较齐全繁荣的市场了。紫云馆改建于清咸丰年间（1851-1860年），同德仁药店开设于清同治二年（1863年），程德馨酱园创办于清咸丰十一年（1861年），郑景昌南北货号的前身大昌南北货开设于清同治年间。

民国时期，屯溪老街曾名中山正街，已有"沪杭大商埠会"。安徽省厘税局、盐公堂、商会等商业机构均设在屯溪。统战期间，大批商贾和难民涌入屯溪，三战区司令长官部也在屯溪，于是人口骤增，经济一度繁荣，被称为"小上海"。新中国成立后改为人民路，1985年复名老街。

屯溪老街1986年被安徽省政府确定为省级历史文化保护区，1995年国家建设部城市规划司将屯溪老街作为全国唯一的历史文化区的保护规划、管理综合试点，2008年9月被文化部命名为国家文化产业示范基地，2009年被列为中国历史文化保护街区。

建筑布局

屯溪老街坐落在安徽省黄山市屯溪区中心地段，北面依山，南面傍水，就势自然形成，街道走向略显弯曲，全长1 272米，精华部分853米，宽5-8米。全街包括1条直街、3条横街和18条小巷，由300余幢不同年代建成的徽派建筑组成整个街巷。老街两侧有武兴趣巷、珠塘巷、祁红巷、渔池巷、海底巷、李洪巷、劳动巷、新河巷、立新巷、榆林巷、还淳巷、永新巷、风林巷、梧岗巷、德仁巷、地盘巷、枫树巷、青春巷共18条巷弄，它们和上、中、下三条马路把老街和山水相沟通，呈鱼骨式结构形态。整条街道，蜿蜒伸展，首尾不能相望，街□□深莫测，□是中国古代街衢的典型走向。老街境内宽窄不一的巷弄，纵横交错，构成鱼骨架状，方便了交通。

屯溪老街两旁的店铺大都为二层，属典型的下店上房，前店后坊形制建筑体量有10多万平方米。老街的建筑平面有沿街敞开式，也有内天井式，建筑结构有二进二厢，三进三厢，注重进深所谓"前面通街、后面通河"往往是大店铺的格局。这种入内深邃、连续几进的房屋结构形成了屯溪老街前店后坊、前店后仓、前店后居或楼下店楼上居的经营、生活方式。

设计特色

屯溪老街的路面为褐红色麻石板。街道两旁鳞次栉比的店铺叠致有序，规划布局、建筑形式具有鲜明的徽派建筑特色，建筑体量大小相间，色彩淡雅、古朴。店铺门楣上流光溢彩的金字招牌，古色古香，不少出自王朝闻、启功、沈鹏、亚明、唐云、林散之、黄苗子、费新我等书坛魁星之手，还有省内名家和地方书法精英的墨迹。"三百砚斋"拥有吴作人、沈鹏、罗工柳、刘炳森四位大师题写的匾额，可谓匠心独具，体现了徽商讲求仁德的"儒商"经营理念。

老街的建筑，历史上虽然几经兵火，屡有重建，但是风貌没有改变，仍然保留原来的结构和款式，小青瓦、白粉墙、马头墙，古色古香。老街建筑全为砖木结构，以梁柱为骨架，外实砌扁砖到顶。在挑檐、挑枋下，通常装有鹅颈轩，既起支撑、牢固作用，又起装饰效果。楼上，临街装木栏与裙板，并安置有各种花窗，十分典雅。老街古朴的徽派建筑艺术、优雅的文化氛围、浓郁的商业气息，使人感受到徽州文化的综合效应。

【史海拾贝】

徽商造就的屯溪老街是古徽州的商业重镇,地处屯溪西部的黎阳于208年便有县级建制。悠久的历史为屯溪留下了包括徽派建筑在内的丰厚文化遗产。作为屯溪市重要发祥地的屯溪老街,是随着徽商的兴起逐渐形成和发展起来的。元末明初,婺源、歙县商人,为方便土特产和食盐中转,在率水、横江和浙江聚汇的三江口附近,建栈房,屯聚货物。明代永乐年间,休宁商人程维宗在此基础上再建新的店铺,还在店铺之间建亭阁,供来往行人休息,从此形成了有一定规模的屯溪街市。

明、清两朝,徽商崛起,屯溪老街凭借地处皖、浙、赣三省交界,横江、率水汇合直通新安江的有利条件,成为徽州水陆运输的交通枢纽,获得迅速发展。老街在明代成为颇有影响的"一邑总市"、清代发展成远近闻名的"茶务都会"。到20世纪三四十年代因战乱大批人口内迁,又发展成皖南的商阜重镇,获得"小上海"的名声。1949年以来,作为区域中心城市,屯溪面貌发生了翻天覆地的变化,城市规模迅速扩张,现代建筑鳞次栉比,但屯溪老街得到了很好的保护,深厚的商贸文化薪火相传。

城市公共建筑

街

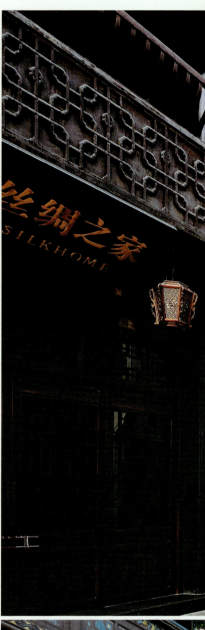

城市公共建筑

【屯溪博物馆】

屯溪博物馆坐落于屯溪老街168号，建筑面积约700平方米，馆内陈列有明清家具、古字画、瓷器、玉器、青铜器、文房用具及徽州砖雕等。

湖南长沙太平街

千年古街考古貌
鱼骨布局如往昔
民居古铺显中和
太傅故居成源溪

太平街是长沙古城保留原有街巷格局最完整的一条街,是长沙古城的一个缩影,能够完整窥视古代街巷的格局。太平街秩序井然的轴线布局和古建筑均体现了中和、有序的思想。贾谊故居、宜春园古戏台、乾益升粮栈等古建筑不仅大气华美,而且彰显了鲜明的地域特色。

历史文化背景

太平街坐落在长沙市老城区南部,被为"古老长沙的缩影"。自战国时期沙有城池开始,太平街就是古城的心地带,历经2000多年没有改变其街巷名和走向一如往昔,也未曾改变。所以,太平街是长沙古城的一个缩影,能够完整窥视古代街巷的格局。太平街古为人文荟萃和商业繁华之区。清代地方府为方便货物和居民出入城,在小西门和大门之间新开一太平门,太平街由此得名。

建筑布局

太平街历史文化街区呈鱼骨状,全375米,宽不过7米,占地面积约125 700方米。街区以太平街为主线,北至五一道,南到解放路,西接卫国街,东到三兴街三泰街。其中重点地段为沿太平街、西牌楼马家巷、孚嘉巷、金线街、太傅里两侧历史街区,用地面积53 300平方米太平街有东、南、西、北四个方向的主要出入口,这种布局再现了古代"天圆地方"的天体观。太平街的建筑群解决了居民对公共环境和开放空间的要求,构成多级网状的外部交往空间,形成主要道路—巷道—内部小广场—私人院落的公共空间结构。居住建筑为主,商业建筑主沿太平街、西牌楼两侧布置,而文化娱乐用地主要沿金线街、孚嘉巷西侧布置,广场空主要设置在太平街北头和南头,公共绿地均布于居住街坊内部。

设计特色

太平街的建筑一般只有2-3层,而且错落一致。民居和店铺的共同特色是小青瓦、坡屋顶、白瓦脊、封火墙、木门窗;老式公馆则保了较为原始的石库门、青砖墙、天井四合院、回楼护栏等传统格局。

太平街建筑从布局、装饰和个建筑物的组合,都体现了中和、有序的思想。在空间上的主要征也是对"中"的空间意识的崇尚,大都强调了秩序井然的轴线布局,形成了以"中"为特色的统建筑美学性格。

史海拾贝】

贾谊(公元前200~公元前168年),汉族,洛阳(今河南洛阳东)人,西汉初年名政论家、文学家,世称贾生。贾谊少有才名,十八岁时,以善文郡人所称。文帝时任博士,迁太中大夫,受大臣周勃、灌婴排挤,为长沙王太傅,故后世亦称贾长沙、贾太傅。三年后被召回长安,为怀王太傅。梁怀王坠马而死,贾谊深自歉疚,抑郁而亡,时仅33岁。司迁对屈原、贾谊都寄予同情,为二人写了一篇合传,后世因而往往把贾谊与屈原称为"屈贾"。

城市公共建筑

街

街

街

【贾谊故居】

贾谊故居为西汉贾谊之宅,被称为湖湘文化的源头,是长沙最古老的古迹。贾谊故居从明朝成化元年以来就是祠宅合一的格局。现在的祠匾是赵朴初先生最后的墨迹,祠两边均是清朝时湖南巡抚所写。湖湘人民多年以来,对贾谊故居维修和重建了100余次。贾谊故居现在仍保存着清末民初的建筑特色,青砖墙拖刀缝、刷白灰水墙、民居石门、小青瓦两坡屋面和白色马头墙。

【宜春园】

宜春园古戏台位于太平街与西牌楼街交汇处,长12.6米,宽10.5米,高10.8米,所采用的木料大部分是杉木等湖湘本土木材。古戏台青黑色筒瓦与朱红色木构相搭配,局部雕花贴金箔,沉稳大气不失华美。

【乾益升粮栈】

乾益升粮栈位于太平街97~101号。清末，太平街曾是长沙米市的极盛之地。而在太平街中段，乾益升粮栈则是当时众多粮栈中最著名的一家。乾益升粮栈今为居民住宅。入口处有两堵高约8米的风火墙，灰泥斑纹。

江苏南京夫子庙秦淮风光带

烟笼寒水月笼沙
夜泊秦淮近酒家
商女不知亡国恨
隔江犹唱后庭花

夫子庙秦淮风光带以夫子庙古建筑群为中心，以十里内秦淮河为轴线完整地呈现了明末清初江南街市的商肆风貌。街道两侧典型的明清建筑围绕夫子庙建筑群，创造了一条闻名遐迩的秦淮河畔历史文化街区。

历史文化背景

南京在历史上曾经十一次定都，朝时代，夫子庙地区已相当繁华。在明代，夫子庙作为国子监科举考场，考生云集。由于历史的变迁，十里秦淮昔日繁荣景象早已不复存在。1984年国家旅游局和南京市人民政府对重点开发淮风光带进行了复建和整修，恢复了明末清江南街市商肆风貌，秦淮河又再度成为中著名的游览胜地。经过修复的秦淮河风光带以夫子庙为中心，包括世界最大、保最完好的瓮城——中华门瓮城；在代被称为"南都第一园"，在代与上海豫园、苏州拙政园留园及无锡寄畅园并称"南五大名园"，今"金陵第园"的瞻园，园内坐落着唯一的太平天国史专题博馆；有明代开国功臣中山徐达的私家花园——白洲公园；有中国古代最大举考场——江南贡院等著名景点。在夫子庙秦淮河风光带上还有东晋豪门贵族王导、谢安故居，明代江南首富沈万三故居，明末清初演绎"桃花扇"的传奇人物李香君的故居，我国最伟大的文学家之一、著有《儒林外史》的吴敬梓的故居，秦大士故居，以及乌衣巷、桃叶渡、东水关、西水关、古长干里、凤凰台遗址等历史古迹。

夫子庙位于秦淮河北岸，原是祀奉孔子的地方，始建宋代景祐元年（1034年），是就东晋学宫旧址扩建而成。元代为集庆路学，明代为应天府学，代将府学迁至城北明国子监旧址，这里便成为江宁、上元两县县学。咸丰年间毁于兵火，同治年（1869年）重建，抗日战争时被日军焚毁。新中国成立后党和人民政府重视保护历史文物，其列为市级文物保护单位。市政府连年拨款，精心维修，使之成为秦淮河畔的标志性建筑。90年秦淮风光带入选为中国旅游胜地四十佳之列，2000年被评为国家第一批4A级景区。

筑布局

夫子庙秦淮风光带以夫子庙古建筑群为中心，以十里内秦淮河为轴线，东起东水关园，西至西水关公园（今水西门）。

夫子庙是前庙后学的布局。孔庙、学宫与东侧的贡院（通过考试来士的考场）组成三大文教古建筑群。庙前的秦淮河为泮池，南岸的石墙为照壁。照壁全长110米，高20米，乃全国照壁之最。北岸庙前有聚亭、思乐亭，中轴线上建有棂星门、大成门、大成殿、明德堂、尊经阁等筑，以大成殿为中心，另外庙东还有魁星阁。左右建筑对称配列，占地26 300平方米。四周围以高墙，配以门坊、角楼。

设计特色

　　夫子庙秦淮风光带以秦淮河为轴线，沿岸的街道布局工整，功能分明，将历史、文…无缝融入街区中。夫子庙中心广场占地 26 300 平方米，四周建筑左右对称，具有典型的…清建筑风格。夫子庙是全国孔庙中仅有的一座用天然活水作泮池的庙宇，并且拥有中国…大的照壁。棂星门由三座单间石牌坊组成，石坊之间墙上嵌有牡丹图案的浮雕，中间石…横楣刻有"棂星门"三个　　　　　　　　　　　　篆字，造型朴实无华。…成殿外有露台，是春秋祭　　　　　　　　　　　　奠时舞乐之地，三面环…石栏，四角设有紫铜燎炉，　　　　　　　　　　　宏伟不凡。

【史海拾贝】

　　乌衣巷位于夫子庙西　　　　　　　　　　　南数十米，幽静而狭小…是中国最古老而著名的巷　　　　　　　　　　名。三国时孙吴的卫戍…队驻此，因官兵皆身穿黑色军服，所以其驻地被称为乌衣巷。晋灭吴后，作为演武场的乌…巷遭到荒弃。东晋衣冠南渡后，定建康为都城。位于城郊的乌衣巷渐渐有士族搬来居住，…来许多高门士族聚居于此，成为六朝有名的商业区和王公贵族的住宅区。东晋时王导、谢…两大家族，都居住在乌衣巷，人称其子弟为"乌衣郎"。在乌衣巷东曾建有来燕堂，建筑…朴典雅，堂内悬挂王导、谢安画像，仕子游人不断，成为瞻仰东晋名相、抒发思古幽情的地方…唐代大诗人刘禹锡的那首脍炙人口的诗："朱雀桥边野草花，乌衣巷口夕阳斜，旧时王谢…前燕，飞入寻常百姓家"就是对此处的感叹。

街

街

【大成殿】

　　大成殿是夫子庙的主殿，高16.22米，阔28.1米，深21.7米。殿内正中悬挂一幅全国最大的孔子画像，高6.50米，宽3.15米。殿内陈设仿制2500年前的编钟、编磬等15种古代祭孔乐器，定期进行古曲、雅乐演奏，演出反映明人祭孔礼仪的大型明代祭孔乐舞，使观众听到春秋时代的钟鼓之乐、琴瑟之声，展现2 000多年前的古乐风貌。大殿四周是孔子业绩图壁画，形神并具。庙院被两庑碑廊环抱，墙上镶有30块由赵朴初、林散之、沈鹏、武中奇等著名书法家撰写的墨宝真迹碑刻。碑廊里陈列着被誉为"中华一绝"的雨花石展览。大成殿内也经常筹办其他历史文物和艺术品展，宣传中华民族的悠久文化。

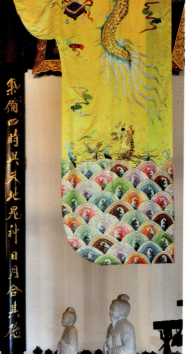

江苏南京 高淳老街

一字古街临官溪
状如钱兜聚财富
古典建筑韵江南
苏南风格隐屋筑

高淳老街是一个纵横相交、完整分布的临河型街区。临街的建筑博大精深、隽永持重,既有徽派特色,又具有苏南建筑的特点;既呈现徽派的古朴典雅,又体现香山派的通透轻盈,古建专家将其称为"皖南徽派与苏南香山派的过渡类型",其建筑、雕刻艺术的风格和特点及民俗宗教文化,具有重要的研究价值。

历史文化背景

高淳老街又称淳溪老街,位于江苏省京市高淳区淳溪古镇的西南部,是淳溪古镇重要的中心街区,明清时期的县衙即设于此高淳老街被誉为"金陵第二夫子庙",有"金第一古街"之称。老街紧临官溪河而建。官河是淳溪镇的主河道,东连固城湖、胥溪河西连运粮河、石臼湖和丹阳湖,既是沟通太和长江水系的重要水道,又是苏南与皖南行大宗物资交易的集散地和经济命脉。

高淳老街自宋朝正式建立街市,至今有900余年的历史。老街原名正义街,辛亥命胜利后,为了纪念伟大的革命先驱孙中山生,易名"中山大街"。日军侵占高淳后,改称"平街"。日本投降后,复名中山大街。"文革"间,又将其更名为"东方红大街"。1982年进地名普查时,又重新复名中山大街。

为保护这一历史文化遗产,1984年,南市高淳区人民政府将老街原貌保存较好的345米片公布为文物保护单位,建设控制地东自东门桥,西止通贤路,南到官溪路,北县府路及江南圣地。通过不断修缮和改造,

"修旧"如旧原则,使老街仍保持了昔日的风貌,依旧飘逸着古色古香的韵味。

2012年,高淳老街入选"中国历史文化名街"和"新金陵四十八景"。2013年2月,全国旅游区质量等级评定委员会发布公告,批准高淳老街历史文化景区为国家4A级旅游景区。

筑布局

高淳老街因呈"一"字形,又称一字街。它由中山大街(老街)、河滨街、当铺巷、陈家巷、傅巷、徐家巷、井巷、王家巷、小巷、江南圣地、官溪路11条街巷共同组成,以纵贯区内的老街名,总面积约76 000平方米,在明清时期全长达1 135米,现在保留下来的约为505米,街面一般为3.5米左右。高淳老街在形成之际便为商业街区,因此在平面布局上体现了敛财的思。其平面形状近似于钱兜状,寓示将财富聚入兜中。在11条街巷中,老街、河滨街、当铺巷和溪路是基本平行于官溪河的街巷,也是较为主要的街道,而陈家巷、傅家巷等其他6条小巷,基本垂直于官溪河分布,与四条主干道相互交错,将整个街区划分为15个小区域。在每个小内,房屋布局大体纵向以五进延伸,横向也以五组排成,五五之间,即为宽1.4-2.2左右的纵深小巷。

计特色

高淳老街用青灰石纵向铺设,中间用胭脂石横向排列,整齐美观,色调和谐。老街的建既有徽派特色,又具有苏南建筑的特点,既呈现徽派的古朴典雅,又体现香山派的透轻盈,古建专家将其称为"皖南徽派与苏南香山派的过渡类型"。从老的建筑风格上,亦反映出它作为沟通苏、皖经济与文化走廊的历史定位。

高淳老街房屋大多是前店后宅,楼宇式双层砖木结构,挑檐斗拱,木门板,镂花窗格,马头火墙,蝴蝶小瓦,典型的江南韵味,又揉进了徽派风格,使这些建筑博大精深、隽永持重。老街的店铺多为三间,纵深数进,两进之间有厢房连接,中间是天井,形成一个院落,这种结构就是江南古建筑中较为典型的"一颗印"式建筑。房屋都为两层砖木结构,单檐悬山,青砖小瓦马头墙,白色墙壁,黑色屋顶,虽少几分华丽,却陡添了许多典雅与古朴。老街木构件上都有精美的木雕,或人物、或动物,栩栩如生,工艺精湛,反映出古代高淳工匠的高超技术。

【史海拾贝】

高淳于明代正式设县,但是高淳人类活动的历史却非常悠久。1997年,在距离老街直线距离仅8千米的薛城发现了距今约6 300年的新石器时代遗址。春秋时期,吴楚在此成胶着状态。公元前541年,吴王余祭于濑水之滨筑"固城"(今固城湖侧),此为高淳建城之始,比楚威王在南京建石头城金陵邑(公元前334年)还要早208年。公元前535年,楚克固城,楚平王在此大建行宫。公元前506年,吴王阖闾采纳伍子胥的建议,开凿胥溪河以运粮,大破楚国,重夺固城。吴楚相争的历史,清楚表明了高淳东来西往、兵家必争的重要地位。淳溪于宋代建镇,逐渐兴盛。明代将县治设于此,正式确立它在这一东西交流孔道上新中心的地位。依靠便利的水运系统,城镇建设自然地沿河而兴。据史料记载,明代首先沿官溪河产生了官溪路,进而逐步向内推进,产生了陈家巷、傅家巷等与官溪路垂直分布的小巷;再进一步,着名的高淳老街应运而生,成为这一街区的中心街道。明嘉靖二十五年(1546年),知县刘启东以老街为中心,以官溪河为城濠修建城垣,立七门,东宾阳,南迎薰、西留晖、北拱极,另外还开有通贤、望洋、襟湖三门。因此在高淳有所谓"先有老街,后有县城"的说法。

街

城市公共建筑

街

城市公共建筑

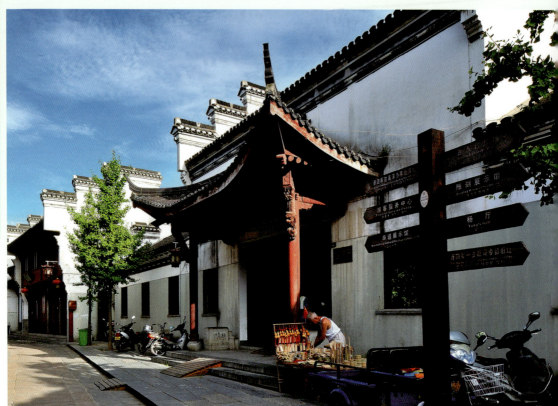

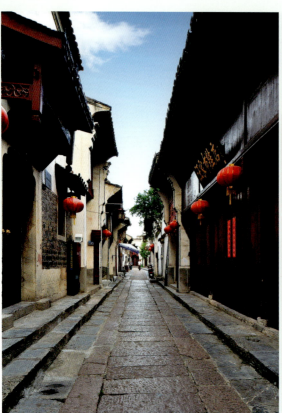

街

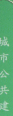

【关王庙】

关王庙又称关帝庙、武庙、关岳庙。明弘治二年（1489年）应天府丞冀绮召集高淳富商王枥七等人始建于高淳老街北拱极门内。万历四十五年（1617年）知县唐登隽倡议，在老街王家巷西侧重造，称关帝庙。清咸丰十年（1860年）毁于兵火，尽成焦土。同治七年（1868年）秋，全县七乡按田亩摊捐集资，在王家巷西侧关帝庙原址废墟上重建。

重建的关王庙共九楹三阔，前为门楼，中为拜殿，后为正殿。其规模似廊，金碧辉煌，为金陵七邑武庙之首。民国四年（1915年），关王庙中增塑了历代忠武将士张飞、赵云、李靖、郭子仪、韩世忠、旭烈兀、冯胜、戚继光、尉迟敬德、狄青、徐达、常遇春等26人的神像。北伐战争胜利后，民国十七年（1928年），高淳老街更名"中山大街"，关岳庙更名"中山堂"，成为国民党高淳县党部机关驻所。日伪时期，更名"和平堂"，1945年抗日战争胜利后，复名中山堂，县民众教育馆设此。1949年5月高淳解放后，先后有县农民协会、青年团高淳县（工）委、县人民武装部、兵役局等机关设在其内，旧殿被逐步拆建、改建。

2004年4月在旧址按历史原貌恢复关王庙。复建后，关王庙占地3 800多平方米，内建山门、照壁、戟门、祭殿（享殿）、启圣殿（正殿）、东、西垛殿、钟鼓亭、"气肃千秋坊""义贯云天坊"等四坊，为高淳老街宗教文化展示的景点。

【雕刻展示馆】

　　雕刻展示馆坐落在高淳老街114号，是一栋两层古建筑，原是富商的商住楼，前后共有四进，前三进是三开间，后进有八间，总面积近1 000平方米。全馆共设门厅、木雕区、石刻展览区、砖雕区和汉画像砖展示区这几大部分，展馆内的所有展品都是从高淳各地征集而来。高淳古代的木雕、砖雕、石刻技艺是高淳文化的一大特色，这些雕刻作品的时间最早可追溯到距今2 000多年前的汉代，一直到宋元明清。雕刻作品内容丰富，造型多样，所有装饰雕凿，都遵循"图必有意，意必吉祥"的习俗，作品的构图也全都是体现追求美好、吉祥、幸福的民俗文化理念，具有浓郁的高淳地域特色。雕刻展示馆通过实物、图片，向大家直观形象地展现了古代高淳劳动人民精湛的雕刻技艺和古朴的审美情趣，有较高的观赏价值和学术研究价值。

江苏绍兴
仓桥直街

百年古街踞越城
有河无街树典型
古桥河道蕴江南
民居台门属地性

绍仓直
兴桥街

绍兴仓桥直街比较真实完整地保留了历史街区的生活居住功能和传统风貌，各个时期的建筑自然和谐地组合在一起，与石板街、河道、桥梁等一道构成了极富生活气息的江南水乡的街巷空间。仓桥直街的民居多为清末民初建筑，众多富有地方特色的台门保存完好，具有浓郁的水乡风貌。

历史文化背景

仓桥直街位于越王城历史街区内，府山侧，北连市中心城市广场，南邻鲁迅故居和藤书屋，西靠府山越王台，东接越都商城。仓直街有着百年的历史，它能在绍兴大规模的旧重建中幸存下来，委实是个奇迹。它的位处在老城中心，人口密集，也许正因为拆迁安置过于棘手，才使这条老街得以幸存，成绍兴的骄傲和吸引游客的地方之一。2001年绍兴市对仓桥直街按照微循环的方式进行造，于2003年获得了"联合国亚太地区遗保护奖"，称此老街是"中国遗产活生生的示地"。

建筑布局

仓桥直街占面积64 0平方米，建筑面积5万多平方米，是绍兴典型的有河街的布局方式。老街主要有河道、民居、石道路三部分组成。老街中环山河是越王城重要历史遗迹，位于老街的中心线。北起胜路，南达鲁迅西路，全长 2.2 千米。自北而南，依次架有仓桥、龙门桥、宝珠桥、府桥、石门桥、务桥、西观桥、凰仪桥等传统古老板桥，河道两旁以水乡民居为主。不临水的建筑由多户住宅成连片建筑，以大小不等的院落（天井）组织平面，并有狭窄廊道相连，这样的街坊布局空间化较多。

设计特色

仓桥直街的河道和街道都是狭长型的。民居以清末民国初期绍兴水乡传统民居为主，色彩和，空间尺度宜人，形成了较为完整统一的历史风貌，且有众多富有地方特色的台门保存完好，中地反映了本地区在特定的自然与社会条件下民居建筑的特色。临水建筑设沿廊、埠头，反映以前人民生活对水道的依赖。街区中心环山河上，有风格各异的古桥梁。街道两旁开设有很多统商店与餐馆，如百年老店震元堂老药铺等，更有越艺馆、黄酒馆、戏剧馆与书画馆在此落户，仓桥直街更添历史古韵和文化内涵。仓桥直街历史街区集中反映了绍兴地区特定的自然和社会件下所形成的民居建筑特色和浓郁的水乡城市风貌。

台门为仓桥直街乃至绍兴颇具地域特色的民居建筑组织形态。台门是指平面规整、向展开的院落式组合的一个独立宅院，一般由天井、堂屋、侧厢、座楼、团地等组成。仓桥街一带拥有各式台门达 43 个，其中冯家台门最为典型，其建于 1927 年，现为绍兴市文保护点。该台门为二进五开间院落，沿街石库门，大门用铁皮包并布满铁钉，从道门到内院要经过前门厅、中门厅、仪门三道。前门厅两侧放置石凳，二门共有四扇，中间两扇装有铜门环，六上方是红木匾额"颐庐"二字，边门家人平时出入，第三道仪门上方刻砖雕。一进靠街五间楼房供客人居住，二五间供主人居住，左右两侧以厢房相接，后院左右对称各三间矮房，中间布池，两侧各一口水井。整个院落可算是仓桥直街中段最典型的台门了。

街

城市公共建筑

江苏镇江
西津渡古街

金陵渡口聚文化
千年古街依山建
商业古铺多层次
江南民居相通连

西津渡古街

西津渡古街是镇江文物古迹保存最多、最集中、最完好的地区，是镇江历史文化名城的"文脉"所在。它不但具备所有古街的特色，又隐含着众多古街没有的优势。古街上的建筑多为明清时期的遗迹，具有较高的科学、文化和研究价值。

历史文化背景

西津渡古街位于镇江城西的云台山麓，始创于六朝时期，历经唐宋元明清五个朝代的建设，留下了如今的规模，因此，整条街随处可见六朝至清代的历史踪迹。西津渡，三国时叫"蒜山渡"，唐代曾名"金陵渡"，宋代以后才称为"西津渡"。古时候，这里东面有象山为屏障，挡住汹涌的海潮，北面与古邗沟相对应，临江断矶绝壁，岸线稳定的天然港湾。六朝时期，这里渡江航线就已固定。规模空前的"永嘉渡"时期，北方流民有一半以上是从这里登岸的。东晋隆安五年（401年），农民义军领袖孙恩率领"战士十万，楼船千艘"由海入江，直抵镇江，战略目标就是"噪登蒜山"，控制西津渡口，切断南北联系，以围攻晋都建业（今南京），后被刘裕率领的北府兵打败。684年，唐高宗李治驾崩以后，皇后武则天临朝称帝，徐敬业骆宾王等在扬州发动武装暴动，骆宾王了传诵千古的著名檄文《为徐敬业讨武曌檄》，一时天下震动。兵败后，徐敬业、骆宾王等渡江"奔润州，潜蒜山下"。宋代，这里是抗金前线，韩世忠曾驻兵蒜山抵御金兵南下。千百年来，发生在这里的重要战事有数百次之多。

西津古渡依山临江，风景峻秀，李白、孟浩然、张祜、王安石、苏轼、米芾、陆游、马可·波罗等都曾在此候船或登岸，并留下了许多为后人传诵的诗篇。

科技的进步，社会的发展，环境的改变，使西津渡逐渐淡化和削弱了作为渡口的功能，但是它活化石般的风貌却得以基本完整地保存了下来。西津古街的文化内涵在于它的津渡文化、宗教文化和民居文化。西津渡古街共有文物保护单位12处，其中国家级文物保护单位1处，省级文物保护单位2处。

建筑布局和设计特色

西津渡古街全长约1 000米，依附于山栈道而建，北望长江。古街的民居建筑基本上都具有清代的江南民居特色，青砖黛瓦高墙，门楣上均有字刻，如长安里、吉瑞里等，大门里层层深院，进进房屋，相互通连，各自成一体。临街一幢幢风格迥异的古代店铺，多为二层小楼，其格局错落有致，门面变化多端、五彩斑斓，雕花栏杆，传统花格窗棂，遍漆朱红。因地势依山缘江，房屋高低错落，层次鲜明。

【史海拾贝】

　　蒜山是一座智慧之山。相传1700多年前的三国时期,曹操率百万精兵强将南下,孙权和刘备的联军总共不过五万人,形势十分危急。在蒜山顶上的亭子里,两位传奇人物从容地商量着对策。他们约定各自在自己的手心里写一个字,以决定对付曹操的策略。这是一场智者的交流,当他们亮开手掌时,掌心里不谋而合地都写着一个"火"字。于是,历史长卷里就有了一场以弱胜强的著名战例,这就是人们至今津津乐道的"火烧赤壁"战役。这两位传奇人物就是诸葛亮和周瑜。因此,这座小山就叫"算山",这座亭子就叫"算亭"。当时山上长满了泽蒜,所以习惯上称"蒜山"。

城市公共建筑

街

城市公共建筑

城市公共建筑

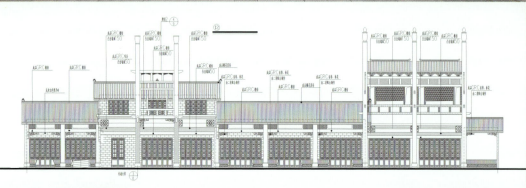

街

街

【一眼看千年】

　　一眼看千年位于券门"层峦耸翠"与"流阁飞丹"之间,乃是街边玻璃罩着的一个考古大坑。坑内挖成五个台阶,分别是历代西津古街的路面:现代路面下的第一层是"清代路面",以下依次是"明代路面""宋元时期路面""唐代路面",最底层是唐代之前在山体石头上凿出路面的"原始栈道"。唐代以前和唐代的路面是土路,唐代以前的土层要比唐代的疏松;元代的路面材质比唐代土路面更显结实,据说是三合土加石灰,有很好的凝固作用;明代的路面是规格一致灰砖,专为铺设道路而制;清代的路面是由凿平的不规则石块铺设,石块厚度保证了石路的承重。

城市公共建筑

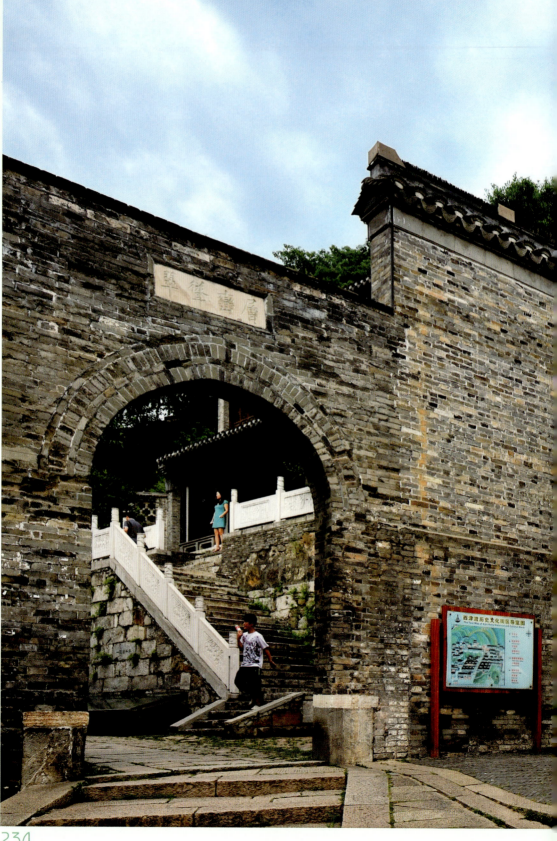

【救生会】

　　古京口救生会遗址在观音洞的对面，始建于宋代，保存十分完好，现在又修复了原有的廊、亭，使得这座古建筑愈放异彩，焕然一新。该建筑布局由沿街两层小楼与山崖边的会议厅围合，构成一个不大的合院。

【昭关石塔】

　　昭关石塔是一座元代建造的过街石塔。据专家考证，为元武宗海山皇帝命建造了元大都白塔寺的工匠刘高主持建造。石塔塔基的东西两面都刻有"昭关"两个字，故称"昭关石塔"。昭关石塔高约5米，分为塔座、塔身、塔颈、十三天、塔顶五部分，全部用青石分段雕成。昭关石塔塔座分为两层，以"亚"字叠涩法凿成，塔座上有一个复莲座，塔身椭圆，呈瓶状。再向上是亚字形塔颈，又有一个复莲花座，再上面是十三天和仰莲瓣座，仰莲瓣座上有法轮，法轮背部刻有八宝饰纹，塔顶呈瓶状。

【观音洞】

观音洞始建于宋朝,于清咸丰九年(1859年)重新作了修葺。观音洞的洞门外有一个三层的铜鼎,洞口上方有一块石额,上面刻有"观音洞"三个字,为宜兴陈任旸所书。石额两侧悬挂着已故茗山法师题写的对联:"兴无缘慈随类化身紫竹林中观自在,运同体悲寻声救苦普陀岩上见如来"。

江苏扬州东关街

东关古渡兴古街
商业格局独风韵
故居园林踞其中
南北风格造绝伦

扬州东关街

扬州东关街拥有比较完整的明清建筑群及"鱼骨状"街巷体系，保持和沿袭了明清时期的传统风貌特色，其空间格局与街巷肌理体现了城市特有的文化精神。东关街的建筑融合了北方和南方的特色，而且独具个性。

历史文化背景

扬州东关街位于扬州老城区东北角，东至古运河，西至国庆路，全长1 122米，是扬州现存四个历史街区中面积最大、化内涵最丰富的历史街区。扬州是国务□公布的首批中国24座历史文化名城之一□东关街是扬州城发展演变的历史见证，是扬州运河文化与盐商文化的发祥地和示窗口，距今约1 200年历史。自大运河□通后，这条外依运河、内连城区的通衢大道，逐步成为最活跃的商贸往来和文化交流□聚地。经过千年的积淀，街内留下丰厚□历史遗存和人文古迹，堪称中国大运河□线城市中保存最为完好的商业古街。

唐代，扬州赢得了"东南第一商埠"的美誉，有天下"扬一益二"之称，而□津古渡（即今天的东关古渡）是当时扬□最繁华的交通要冲。有了码头就有街市□舟楫的便利和漕运的繁忙，催化出一条□贸密集、人气兴旺的繁华古街——东关街□

东关街以前不仅是扬州水陆交通要道□而且是商业、手工业和宗教文化中心。

街上的"老字号"商家有开业于 1817 年的四美酱园、1830 年的谢馥春香粉店、1862 年的广和五金店、1901 年的夏广盛豆腐店、1909 年的陈同兴鞋子店、1912 年的乾大昌纸店、23 年的震泰昌香粉店、1936 年的张洪兴当铺、1938 年的庆丰茶食店、1940 年的四流春茶社、41 年的协丰南货店、1945 年的凌大兴茶食店、1946 年的富记当铺,此外还有周广兴帽子店、茂油麻店、顺泰南货店、恒泰祥颜色店、朱德记面粉店等。东关街是扬州手工业的集中地,店后坊的连家店遍及全街,如樊顺兴伞店、曹顺兴篾匾老铺、孙铸臣漆器作坊、源泰祥坊、孙记玉器作坊、董厚和袜厂等。除有老字号店铺外,还集中了众多古迹文物,有个、逸圃、汪氏小苑,还有扬州较早创办的广陵书院、安定书院、仪董学堂,和明代的武行宫、明代的准提寺,马监巷内有建于康熙五十三年(1714 年)的清真寺,在东关街西有香火很旺的财神庙和广储门街口的砖砌圈门,拱门上还镶嵌有"盛世岩关"四个大字。今在东关街东街口又发现了宋大城东门双瓮城遗址。

东关街内现有 50 多处名人故居、盐商大宅、寺庙园林、古树老井等重要历史遗存,中国家级文保单位 2 处,省级文保单位 2 处,市级文保单位 21 处。

东关街有若干著名园林,分布于街道两侧。现已修整开放的有个园、汪氏小苑、冬荣园、园、华氏园、逸圃诸园等。其中,个园由两淮盐业商总黄至筠建于清嘉二十三年(1818 年),已被国务院授予第三批"全国重点文物保护单位",称为中国"四大名园"之一。

建筑布局

东关街南北两旁有许多通向全城的小街巷,街巷狭长且曲折有致,首尾连并内外相同,纵横交错的青砖巷道和长条板石街道呈现出"鱼骨状"的型空间肌理。河(运河)、城(城门)、街(东关街)形成了多元而充满活力的空间格局，体现了江南运河城市的独有风韵。整条街按照典型的"前店后宅、上宅下店"传统商业街的建筑空间组合，形成连续、完整的传统商业空间界面。

设计特色

扬州东关街的住宅和园林兼有北方造屋之雄势与南方筑园之秀气，并且具有明显的个性，表现为造屋规整、构思精巧、不变中有变。建筑外观与江南典型传统的民居建筑外观有明显的区别。东关街的建筑青砖黛瓦、清水原色、工整见长，雄浑古朴，而江南传统建筑粉墙瓦黛、黑白相间、轻盈简约。

【史海拾贝】

扬州东关街的安家巷与一位韩国人有关，他叫安岐。清康乾年间，安岐随高丽贡使入京，后在扬州经营盐业，成为富商。扬州盐商之间喜欢斗富，而安岐善用驯养小动物的技能出奇制胜。一回，安岐与盐商马某比财宝，马某捧出一株东海珊瑚，众喝彩。安岐拎来一只鸟笼，内有八哥。马某笑曰："莫非八哥是金子铸的？"片刻，八哥开口说话："我是活宝，我是活宝。"大家公认"活宝"把死宝比下去了。又一回，扬州盐商请河道总督赵世显饮酒，争相巴结，献出珍奇古玩无数。赵问安岐："你为首富，可有赠物？"安岐嘱两美女捧双锦盒呈上，赵世显揭开后，两只关东貂鼠跃然而出，整齐划一地向赵拱手作揖。赵开心大笑，曰："今日最费心的当数安岐。"安岐非常崇敬中国文化，藏书极为丰富，且多为善本、珍本，其所著《墨缘汇观》一书，对中国历代书法作品均有精辟的点评。

街

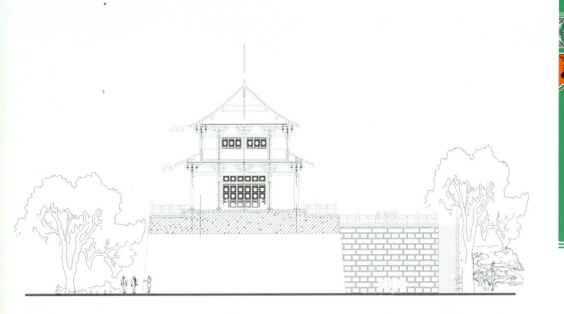

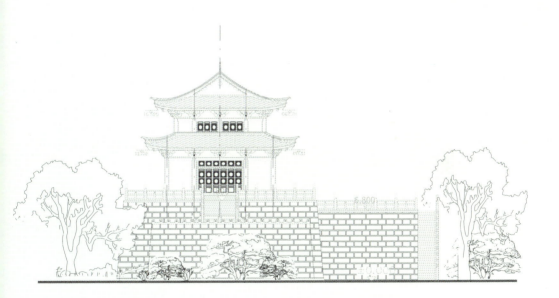

城市公共建筑

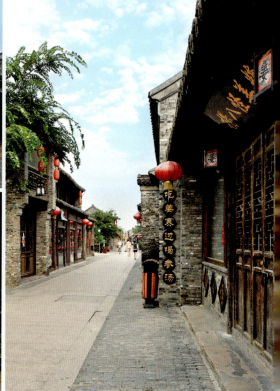

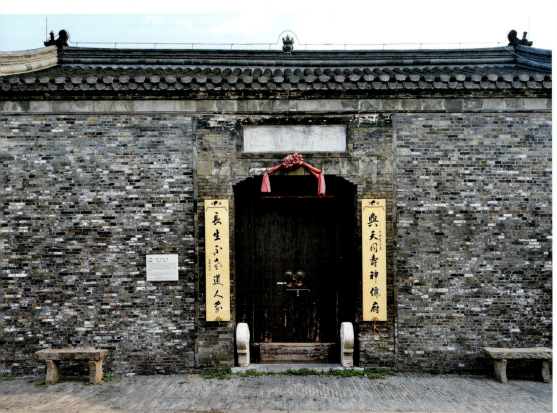

街

【个园】

　　个园以竹石取胜，园中的叠石艺术，采用分峰用石的手法，运用不同石料堆叠而成"春、夏、秋、冬"四景。四季假山各具特色，表达出"春景艳冶而如笑，夏山苍翠而如滴，秋山明净而如妆，冬景惨淡而如睡"和"春山宜游，夏山宜看，秋山宜登，冬山宜居"的诗情画意。个园旨趣新颖，结构严密，是中国园林的孤例。

　　春景：前面就是个字园门，门外两边修竹劲挺，高出墙垣，作冲霄凌云之姿。竹丛中，插植着石绿斑驳的石笋，以"寸石生情"之态，状出"雨后春笋"之意。夏景：以青灰色的太湖石的凹凸不平和瘦、透、漏、皱的特性，展示叠石多而不乱，远观舒卷流畅，巧如云、如奇峰；近视则玲珑剔透，似峰峦、假山似洞穴。秋景：以黄山石呈棕黄色，棱角分明，如刀劈斧砍。整座山体峻峭凌云，显得壮丽雄伟，进入山腹如入大山之中，险奇之处随时可见。冬景：用宣石（英石）堆叠，石质晶莹雪白，远远望去似似积雪未消，每块石头几乎看不到棱角，给人浑然而有起伏之感。一处园林有一处园林的布局，一处园林有一处园林的故事。前宅后园或者宅园交错，备天地万物于一园之中，小中见大，曲折回环。

街

浙江嘉兴桐乡乌镇

十字水网造古街
东南西北四分局
儒家中和贯小镇
临河水阁引劲驱

乌镇

乌镇具有典型江南水乡的特征，完整地保存着晚清和民国时期水乡古镇的风貌和格局。沿河而建的街道动静结合，具有坚实而又不失古朴与自然的特点。因地制宜的设计、布局观念，把生活中的人与自然的山水融入在一起，把人的生活场景与山水的自然形状整合在同一空间中，体现了中国古典民居"以和为美"的人文思想，以其自然环境和人文环境和谐相处的整体美，呈现江南水乡古镇的空间魅力。

历史文化背景

乌镇地处浙江省桐乡市北端，西临湖州，北接江苏吴江，为二省三府七县交界之处。乌镇是个具有6 000多年悠久文明史的古镇，乌镇镇郊1.5千米外的谭家湾文化遗址考证，早在6 000多年前就有先民在此繁衍生息，那个时期属于新石器时代的马家浜文化。春秋战国时期，乌镇是吴越边境，吴国在此驻兵防备越国，史称"乌戍"。乌镇真正称镇是从唐朝开始的，在唐咸通十三年（872年）的《索靖明王庙碑》上首次出现"乌镇"的称呼。宋元丰年间有乌墩镇和青墩镇的记载，后避皇帝赵惇讳，就称为乌镇和青镇。1950年，乌、青两镇合并后称乌镇至今。

建筑布局

乌镇被十字形的内河水系划分为东、南、西、北四个区块，当地人分别称之为"东栅、南栅、西栅、北栅"。河网在乌镇内河主干道重合，桥成路，流水行船，作成亦路亦水的形式。这一水网体系连接京杭运河、太湖和乌镇的池塘、水井，理想地解决了农作、饮用、排水、观赏输等水问题。在乌镇的布局中,由于历史上曾地跨两省(浙江、江苏)、三府(嘉兴、湖州、苏州)、县(乌程、归安、崇德、桐乡、秀水、吴江、震泽),加之吴越文化的积累、沉淀,观念上明显受中传统儒文化和运河商业文化的影响,多轴线明确、卑尊有序的各式住宅。

计特色

乌镇街道沿河建,街道全部用青石板铺成,显得厚重、坚实,而又不失古朴与自然,同时这宽窄、曲直、藏露、上下相通、宛若游蛇的街道,又给人动静结合的美感。这是一种因地制宜设计、布局观念,也就是把生活中的人与自然的山水融入在一起,把人的生活场景与山水的自形状整合在同一空间中的设计思想。乌镇街道的形式依照其与河流的关系有着不同的布局,要有无河街道、沿河街道,其中沿河街道又可分为一河一街、一河两街、前街后河3种形式。

乌镇临水而设的街多作单面街,造成了石阶石踏度河埠头景观。石阶有驳岸式及条石外挑种,悬挑出来的岸线空间经济实用又有光影之趣。水乡的水埠头,有直布式、横布式、者布式等,像一把把古代的长锁。狭长的小街,有的有券门,券门有分隔空间,产生领域感的作用,打破了长空间的单调感,还有防火分区的意义。

乌镇的建筑临河而建,傍桥而市,石栏拱桥,过街券门,深宅大院,体现出江南以建城的村镇特点。它属于中国传统的村镇建设,是依据自然的地势、地貌、山川流等自然环境而设计,体现了人与自然、建筑与自然融合的设计理念。乌镇建筑体风貌是一、二层木构厅堂式住宅为主,坡顶、瓦顶、空斗墙,观音兜山脊或马头墙,成了高低错落、四周顾盼、粉墙黛瓦的建筑群体风貌,以及小街、水巷、小桥、驳岸、河、踱、古板路、水墙门、过街楼等富有亲水性的建筑小品。乌镇西栅民居多以清式大木式做法为主,面阔三间至五间,通进深不多于七檩,大梁以五架为限,通常只用单檐山和硬山及以下屋顶。

【史海拾贝】

　　乌镇之名的由来，相传和唐代时一位名叫乌赞的将军有关。唐宪宗元和年间（806~820年），浙江刺史李琦妄想割据称王，举兵叛乱。朝廷命乌赞将军同副将吴起率兵讨伐，一路打得叛军节节败退，退至乌镇的北栅时，乌赞将军不幸中了叛臣的诡计，陷入埋伏，被叛军乱箭射死。他的部将吴起，把乌将军和他的战马青龙驹葬在车溪河西畔，并按民间的风俗，在坟边种了一棵银杏树。从此，这株象征着精忠报国的银杏树在乌镇根深叶茂地茁壮成长，后人为了纪念乌将军和他的战马，就将此地取名为乌镇。

街

【水阁】

　　水阁是乌镇独特的建筑形式，在其他的江南水乡没有此种类型。乌镇民居大都是沿溪、河而建，临河的一边称为"下岸"，另一边称为"上岸"。上岸的居民住宅一般是深宅大院。临街的只有二、三间门面，而纵深则有五、六间进，很好地创造了一种私密空间。下岸的居民住宅则是"人家尽枕河"。据史料记载，乌镇从明代开始就有这样的住宅形式，其建筑结构：居室的一半延伸至河的上方，下面用木桩或者石柱支撑在河床上，上置横梁，铺上木版，木格子窗撑开在那里，河道是明亮且流动的。楼房的建筑和河道上的波光相映就形成了乌镇的独特建筑形式——水阁。

【马头墙】

马头墙在构成乌镇巷道景观中起着极其重要的作用。马头墙具有强烈的韵律和节奏感,具有引人注目的动势。整体景观借助马头墙和屋顶的交相辉映,确定了一个基调。人在村落里移动的过程,呈现出一种步移景异的变化,使街道中单一轮廓线随着人的视线而变化。

街

【木雕】

乌镇建筑物上的木雕石刻，十分精湛。其中最有代表性的当属徐家厅和朱家厅。徐家厅的木雕是乌镇一绝，几乎整个楼厅木结构都有雕刻，内容多为花鸟鱼虫。其正厅是三开间的通道，四根大柱子上的大梁全是镂雕花篮，令人叹为观止。民间艺术的杰作给建筑增添了光辉。

福建福州 三坊七巷

三坊七巷一中轴
非字布局沿至今
衣锦坊巷颇特别
马鞍围墙引众吟

三坊七巷

福州三坊七巷是在中国都市中心保留的规模最大、最完整的明清古建筑文化街区。古老的坊巷格局呈"非"字形，三坊七巷的建筑具有福州古建筑的特色，其中围墙、雕饰、门更是突出特点。

历史文化背景

三坊七巷位于福州这座具有2 200多历史的古老城市的中心，起于晋，完善于五代，至明清鼎盛。三坊七巷是福州的历之源、文化之根，自晋、唐形成起，便是族和士大夫的聚居地，这里因地灵而人杰一直是"闽都名人的聚居地"，林则徐、葆桢、严复、陈宝琛、林觉民、林旭、冰心林纾等大量对当时社会乃至中国近现代程有着重要影响的人物皆出自于此，使得块热土充满了特殊的人文价值和不散的性及才情，成为福州的骄傲。

2006年，三坊七巷与朱紫坊一起以"三七巷和朱紫坊建筑群"的名义被列为第六全国重点文物保护单位。三坊七巷内有全重点文物保护单位1项9处，其他各级文19处，受保护的历史建筑131处，被誉为"明建筑博物馆"。同时这里还有闽剧、寿山石雕脱胎漆器等6项国家级非物质文化遗产。区内现存古民居约270座，有159处被列入保建筑，其中以沈葆桢故居、林觉民故居、严故居等9处典型建筑为代表。

建筑布局

三坊七巷占地约400 000平方米，由三个坊、七条巷和一条中轴街肆组成，向西三片称"坊"，向东七条称"巷"，自北而南依次为："三坊"衣锦坊、文儒坊、光禄坊，"七巷"杨桥巷、郎官巷、安民巷、黄巷、塔巷、宫巷、吉庇巷。

唐代的先民们先是沿着城市的轴线——南街，建起了一组排列工整的"新村"。然后，再隔一条南后街，向西发展，建起一组坊巷，成为以南后街为中心轴线的"非"字形结构的街区。

从建筑空间的处理来看，三坊七巷在中轴线上的主厅堂，比北方的厅堂明显高、大、宽，与其他廊、榭等建筑形成高低错落，活泼而又极富变化的空间格局。厅堂一般是开敞式的，与天井融为一体。

设计特色

三坊七巷的建筑具有福州古建筑的地方特色。为了使厅堂显得高大、宽敞、开放，一般在廊轩的处理上着力，承檐的檩木，或再加一根协助承檐的檩木，都特意采用粗大而长的优质硬木材，并用减柱造的办法，使得厅堂前无任何障碍，这在北方建筑及其他南方建筑中，都极少见到。

三坊七巷的建筑在围墙、雕饰、门面上都很有特色。三坊七巷民宅为马鞍墙是曲线形的马鞍墙。一般是两侧对称，墙头和翘角皆泥塑彩绘，形成了福州古代民居独特的墙头风貌。三坊七巷在建筑装饰方面最有特点的要数对门窗扇的雕饰。普通居民梁柱多不加修饰，简洁朴实，而在门窗扇雕饰上则煞费苦心。其窗棂制作之精致，镶嵌的木雕之华美，是其他省份居民难以企及的。窗饰的类型特别丰富，有卡榫式图案漏花，有纯木雕式窗扇，也有两者相间使用。可以说是江南艺术的集大成者。在卡榫式漏花中，工匠通过精心编排，构成不同的装饰效果，有直线型、曲线型、混合型。直线型疏密有致，曲线型富有动感，混合型变化多端，且各有吉祥寓意。在木雕式窗扇中，有透雕，有浮雕，题材有飞禽走兽，人物花卉，整个窗扇雕饰有对称式有不对称式。如文儒坊尤恒盛的明代古宅，在二进厢房的门窗隔扇上，透雕了较复杂的花瓶图案，花瓶寓意住居平安。涤环板上是浅浮雕的花开富贵。这些用卡榫斗拱或木材镂空精雕而成的花窗雕饰，充分显示了福建民间工匠的高超技艺。

三坊七巷建筑门的处理也极具特色，约有四种。一种是在前院墙正中，由石框构成的与墙同一平面的矩形石门，另一种则是两侧马鞍墙延伸作飞起的牌堵，马鞍墙夹着两面坡的屋盖形成较大的楼，像沈葆桢故居、陈承裘故居、林聪彝故居都是这种门楼。

【史海拾贝】

衣锦坊在三坊七巷中颇有特别之处，它不是直通的，中间有一小段拐弯，北边一处与雅道巷相通，另一处与北林坊相通。南边一处与闽山巷相通，另一处与洗银营相通。

衣锦坊旧名通潮巷，古时这里水道发达，每日与闽江同潮汐，附近有大水流湾和小水流湾，至今还有"合潮桥"（即著名的双抛桥）。后来，又称棣锦坊，这也是古代名人效应的例子，原来宋代侯官人陆蕴、陆藻兄弟都考中进士，都到外地做官，又先后做过福州知府。《诗经·常棣》是周公宴兄弟的乐歌，中有"常棣之华，鄂不 ，凡今之人，莫如兄弟。"后人以"棣鄂"为兄弟的代称。福州人认为陆氏兄弟双双衣锦还乡，居住此巷，就取《常棣》诗意，称"棣锦坊"。 不过百年，闽县人王益祥考中淳熙十一年（1184年）进士，官做到江东提刑，因为同乡人陈自强居相位，为了避嫌，辞官回福州也住在棣锦坊，认为坊名棣锦不是陆氏兄弟的专利，做官的人都可以"衣锦还乡"，率性改名"衣锦坊"，沿用至今。

街

279

街

街

【宫巷】

宫巷在安民巷之南，东西两端分别与八一七北路和南后街相接。据清《榕城考古略》载："旧名仙居，以中有紫极宫得名。后崔、李二姓贵显，更名聚英达，明得改英达。" 宫巷里的豪门住宅结构精巧，单是室内的木雕石刻构件就令人叹为观止。如漏花窗户采用镂空精雕，榫接而成，而且通过木格骨骼的各种精心编排构成了丰富的图案装饰。在木穿斗、插斗、童柱、月梁等部件上常饰以重点雕刻。各种精巧生动的石刻在柱础、台阶、门框、花座、柱杆上随处可见。可以说宫巷的建筑是福州古建筑艺术集大成者。

街

【郎官巷】

郎官巷位于在杨桥巷南侧，南后街的东侧。巷的东头通福州市内闹区八一七北路东街口。郎官巷也是宋代就有的坊埠。据清《榕城考古略》载：宋刘涛居此，子孙数世皆为郎官，故名。宋代诗人陈烈原籍长乐，迁居福州时也住在郎官巷。中国近代启蒙思想家、翻译家严复的故居也坐落在巷内。郎官巷西头巷口立有牌坊，坊柱上有副对联："译著辉煌，今日犹传严复宅；门庭鼎盛，后人远溯刘涛居"。

街

街

街

参考资料

[1] 江乐兴．不可不知的100座古镇古城 [M]．北京：化学工业出版社，2009．
[2] 常怀颖，朱飞．古镇羊皮书 [M]．上海：上海社会科学院出版社，2003．
[3] 程维．书院春秋 [M]．江西：江西人民出版社，2007．
[4] 戴光中．天一阁主——范钦传 [M]．浙江：浙江人民出版社，2006．
[5] 邓洪波，彭爱学．中国书院揽胜 [M]．湖南：湖南大学出版社，2000．
[6] 邓洪波．中国书院诗词 [M]．湖南：湖南大学出版社，2002．
[7] 邓洪波．中国书院楹联 [M]．湖南：湖南大学出版社，2004．
[8] 樊克政．中国书院史 [M]．北京：文津出版社，1995．
[9] 江堤．书院中国 [M]．湖南：湖南大学出版社，2003．
[10] 胡允桓．老城古镇 [M]．北京：中国旅游出版社，2004．
[11] 赖武．巴蜀古镇 [M]．四川：四川人民出版社，2003．
[12] 赖武，喻磊．四川古镇 [M]．四川：四川人民出版社，2010．
[13] 李广生．趣谈中国书院 [M]．北京：百花文艺出版社，2002．
[14] 李国钧．中国书院史 [M]．湖南：湖南教育出版社，1994．
[15] 李兆群．品读水之韵——江南古镇 [M]．上海：上海锦绣文章出版社，2007．
[16] 刘林．古代书院 [M]．北京：蓝天出版社，1998．
[17] 卢群，徐卓人．江南古镇游 [M]．浙江：浙江人民出版社，2003．
[18] 罗哲文．中国古塔 [M]．北京：中国青年出版社，1985．
[19] 秦俭．古镇川行 [M]．北京：中国旅游出版社，2004．
[20] 阮仪三．江南古镇 [M]．上海：上海画报出版社，1998．
[21] 唐子畏．岳麓书院概览 [M]．湖南：湖南大学出版社，2004．
[22] 王炳照．中国古代书院 [M]．北京：商务印书馆，1998．
[23] 王炳照．中国古代书院 [M]．北京：中国国际广播出版社，2009．
[24] 王发志，阎煜．岭南书院 [M]．广东：华南理工大学出版社，2011．
[25] 王观．岳麓书院 [M]．吉林：吉林文史出版社，2010．
[26] 王凯．古塔史话 [M]．北京：中国大百科全书出版社，2009．
[27] 王越．古代书院 [M]．吉林：吉林出版集团有限责任公司，2010．
[28] 文银花．东林书院 [M]．吉林：吉林文史出版社，2010．
[29] 伊瑜，陈益，金梅．江南古镇梦里水乡 [M]．广东：广东省地图出版社，2002．
[30] 朱汉民．岳麓书院 [M]．湖南：湖南大学出版社，2004．
[31] 朱汉民．中国书院 [M]．上海：上海教育出版社，2002．
[32] 朱汉民．中国的书院 [M]．台湾：台湾商务印书馆，1993．

索引

浙江嘉兴桐乡乌镇
新石器时代
P258

● 新石器时代

江苏南京夫子庙秦淮风光带
六朝时代（220～581年）
P174

● 战国时期

湖南长沙太平街
战国时期
P158

● 六朝时代

福建福州三坊七巷
晋朝（265～420年）
P274

● 六朝时代

江苏镇江西津渡古街
六朝时代（220～581年）
P220

● 晋朝

河北正定县开元寺钟楼
东魏兴和二年(540年)
P106

● 北魏太和八年

河南登封嵩阳书院
北魏太和八年（484年）
P32

● 东魏兴和二年

江苏南京高淳老街
宋朝
P194

● 宋朝

重庆沙坪坝磁器口古镇
宋朝
P126

● 宋朝

江苏无锡东林书院
北宋政和元年（1111年）
重修于明万历三十二年（1604年）——
明崇祯二年（1629年）——民国三十六年（1947年）
P52

● 北宋开宝九年

湖南长沙岳麓书院
北宋开宝九年（976年）——北宋咸平二年（999年）
重修于南宋乾道元年（1165年）——南宋绍兴五年（1194年）——清康熙七年（1668年）——康熙二十三年（1684年）——清同治七年（1868年）
P40

● 北宋政和元年

● 元至元二十四年

陕西西安鼓楼
明洪武十三年（1380年）
重修于清康熙三十八年（1699年）——
清乾隆五年（1740年）
P96

● 明洪武十三年

北京国子监辟雍
元至元二十四年（1287年）
P20

● 明弘治

安徽黄山屯溪老街
明弘治年间
P140

● 明嘉靖四十年

浙江宁波天一阁
明嘉靖四十年（1561年）——嘉靖四十五年（1566年）
P66

● 清康熙十一年

贵州从江县增冲鼓楼
清康熙十一年（1672年）
P114

江苏扬州东关街
清嘉庆二十二年（1817年）
P238

● 清嘉庆二十二年

● 1870年

香港元朗觐廷书室
1870年
P82

江苏绍兴仓桥直街
不明
P210

● 不明

图书在版编目（CIP）数据

中国古建全集.城市公共建筑/广州市唐艺文化传播有限公司编著.-- 北京：中国林业出版社，2018.1

ISBN 978-7-5038-9221-9

Ⅰ.①中… Ⅱ.①广… Ⅲ.①城市—公共建筑—古建筑—建筑艺术—中国 Ⅳ.① TU-092.2

中国版本图书馆 CIP 数据核字 (2017) 第 184926 号

编　　著：广州市唐艺文化传播有限公司
策划编辑：高雪梅
流程编辑：黄　珊
文字编辑：张　芳　王艳丽　许秋怡
装帧设计：林国仁

中国林业出版社 · 建筑分社

策　　划：纪　亮
责任编辑：纪　亮　王思源

出版：中国林业出版社（100009 北京西城区德内大街刘海胡同 7 号）
网站：lycb.forestry.gov.cn
印刷：北京利丰雅高长城印刷有限公司
发行：中国林业出版社
电话：（010）8314 3518
版次：2018 年 1 月第 1 版
印次：2018 年 1 月第 1 次
开本：1/16
印张：19
字数：200 千字
定价：168.00 元
全套定价：336.00 元（2 册）